"十四五"职业教育国家规划教材

Photoshop CC

平面设计案例教程 微课版

周兰娟　赵素霞◎主编

清华大学出版社

北京

内 容 简 介

本书指向的职业岗位为数码照片艺术处理、广告图像处理、VI图形绘制、电子商务美工、全媒体运营师图片编辑等,从这些职业岗位中选取企业典型真实的工作任务作为教学的载体,对真实任务进行知识分解、技能分析,以工作任务为导向,精心设计既可独立又有一定联系的教学案例作为课堂教学实施的载体,将知识和技能融入任务的学习中,同时注重学生德智体美劳全面发展,实现"五育并举",培养学生的职业素养。学生学习的过程,就是学习职业岗位技能的过程,学生在学习过程中可积累工作经验,提高职业素养,实现零距离上岗。为了方便教学,本书配套了教学课件、微课视频等资源,供读者观看或下载使用。

本书可作为中等职业学校和高等职业院校计算机平面设计专业及其相关方向的基础教材,也可作为各类计算机应用培训班教材,1+X数字影像处理等职业资格证书考试的参考教材,以及职教高考数字媒体类、网络技术类、软件与应用技术类等专业的"图形图像处理"知识模块的教材用书,还可供计算机应用从业人员参考。

图书在版编目(CIP)数据

Photoshop CC平面设计案例教程:微课版/周兰娟,赵素霞主编. —北京:清华大学出版社,2022(2024. 8重印)

ISBN 978-7-302-61526-2

Ⅰ.①P… Ⅱ.①周… ②赵… Ⅲ.①平面设计-图像处理软件-教材 Ⅳ.①TP391.41

中国版本图书馆CIP数据核字(2022)第144409号

责任编辑:田在儒
封面设计:刘 键
责任校对:袁 芳
责任印制:丛怀宇

出版发行:清华大学出版社
网 址: https://www.tup.com.cn,https://www.wqxuetang.com
地 址: 北京清华大学学研大厦A座 **邮 编:**100084
社 总 机: 010-83470000 **邮 购:**010-62786544
投稿与读者服务: 010-62776969,c-service@tup.tsinghua.edu.cn
质量反馈: 010-62772015,zhiliang@tup.tsinghua.edu.cn
课件下载: https://www.tup.com.cn,010-83470410
印 装 者: 三河市龙大印装有限公司
经 销: 全国新华书店
开 本: 185mm×260mm **印 张:**12 **字 数:**283千字
版 次: 2022年10月第1版 **印 次:**2024年8月第4次印刷
定 价: 69.00元

产品编号:097544-01

前 言
FOREWORD

　　Adobe Photoshop CC 2017 简体中文版是一款专业且功能十分强大的 CC 图像处理软件,是 Adobe 公司设计推出的产品,支持可变字体等。Photoshop CC 与 Photoshop 之前的软件版本在功能上大致是一样的,都是用来处理图像,但是 Photoshop CC 的新功能超乎用户的想象,可以自己手动设计图像,也可以进行编辑图像,从无到有,非常方便。同时,还可以访问 Lightroom 照片,分享作品到社交网站,是计算机平面设计中不可缺少的图形图像处理设计软件。

　　本书注重融入党的二十大精神和课程思政设计,从实用角度出发,以循序渐进的方式,由浅入深地全面介绍了 Photoshop CC 的基本操作和实际应用,全书共分为 8 章:走进 Photoshop CC 2017 的精彩世界、数码照片艺术处理、图像合成、图片的特效处理、特效文字制作、VI 图形绘制、仿手绘水彩装饰画的制作、综合实训。全书采用"任务驱动教学法",书中案例全部来自企业的真实案例合理加工而成,每一章都精心设计了相应的工作任务,通过"任务要求""任务分析""制作流程""演示步骤视频及设计素材"环节,先给读者一个应用 Photoshop 进行实际操作的任务,并对任务进行分析,提出要求,再讲述实现这一操作的具体方法。通过章节系统地对该案例所涉及的知识点进行全面讲解,既可以帮助读者进一步掌握和巩固基本知识,又能快速提高综合应用的实践能力,使学生的学与做、理论和实践达到有机的统一,真正实现"做中学""学中做"的目的,对提高学生的动手操作能力和实践技能无疑最有针对性。

　　为了提高学习效率和教学效果,本书配套了教学指导方案、教学课件、微课视频及相关图片与素材,供读者观看或下载使用。

　　本书由周兰娟、赵素霞担任主编,冯英丽、单晓迪、徐法艳担任副主编,孙良、贺艺虹、刘畅、武丹、刘文丽、李蕊蕊共同参与了编写工作。

　　由于编者水平有限,书中不妥之处在所难免,恳请广大读者批评、指正。

编　者

2023 年 8 月

目 录
CONTENTS

走进 Photoshop CC 2017 的精彩世界

1.1 任务：学习欣赏图片

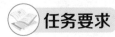 **任务要求**

在 Photoshop CC 2017 中以不同的比例观察如图 1-1 所示的图片，既要学会欣赏整体画面，又要学会不同位置的细致观察。

图 1-1 在 Photoshop 中打开的图像文件

任务分析

结合 Photoshop 的特点分析该任务的要求，应做到以下几点。

■ 学会启动 Photoshop 程序并在该程序中打开文件。

■ 熟悉 Photoshop 的工作界面。

■ 学习使用抓手工具和缩放工具对图像进行全局或指定部分的浏览与细部观察。

■ 学习使用标尺、参考线、网格对图像进行精确定位。

■ 学习在图像编辑窗口中对打开的多个图像文件进行切换，并以不同的窗口排列方式进行排列。

制作流程

（1）在桌面上双击 Photoshop CC 2017 的快捷图标，或选择"开始"→"程序"→Adobe Photoshop CC 2017 命令，启动 Photoshop 程序，然后选择"文件"→"打开"命令，打开图像文件"国风丹顶鹤.jpg"和"开学啦.jpg"，并在图像编辑窗口中单击"国风丹顶鹤.jpg"选项卡，将其切换为当前图像，如图 1-1 所示。

（2）单击工具箱中的缩放工具 🔍，在图像中单击两次，图像会分别放大到 66.7%、100% 的显示比例，再单击一次，将图片放大到 200%，如图 1-2 所示。

（3）选择工具箱中的抓手工具 ✋，在图像中拖曳鼠标，可以移动图像，以便观察图像的其他部分，图 1-3 即是平移图像的一个窗口状态。

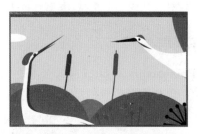

图 1-2　放大到 200% 的图像窗口　　　　　　图 1-3　平移图像

（4）再次选择工具箱中的缩放工具 🔍，在图像窗口中向外拖曳能放大图像，如图 1-4 所示，在图像窗口中向内拖曳能缩小图像，如图 1-5 所示。

图 1-4　向外拖曳放大图像　　　　　　图 1-5　向内拖曳缩小图像

（5）按住 Alt 键，使用 🔍 工具在图像窗口内单击，可将图像缩小显示。

（6）选择"视图"→"标尺"命令，窗口中即显示出水平标尺和垂直标尺，如图 1-6 所示。

（7）将鼠标指针分别放在水平标尺和垂直标尺上，拖曳出一条水平参考线和一条垂直参考线，放置位置如图 1-7 所示。利用参考线可以对图像进行精确定位。

图 1-6　标尺显示状态　　　　　　图 1-7　两条参考线位置情况

（8）选择"视图"→"清除参考线"命令，即可清除图像窗口中的参考线。选择"视图"→"标尺"命令，即可隐藏图像窗口中的标尺。

（9）选择"视图"→"显示"→"网格"命令，窗口中即显示出如图 1-8 所示的网格。网格平均分配空间，方便确定准确的位置。再次选择"视图"→"显示"→"网格"命令，即可隐藏图像窗口中的网格。

图 1-8　网格显示状态

（10）在面板区单击"历史记录"图标 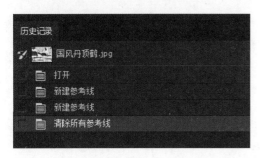，展开"历史记录"面板，如果没有打开面板，此时可以选择"窗口"→"历史记录"命令，将"历史记录"面板打开，如图 1-9 所示。

（11）从"历史记录"面板的历史记录列表中选择第一个操作"打开"，如图 1-10 所示，即可将图像恢复为刚打开时的状态。

图 1-9　展开"历史记录"面板　　　　　图 1-10　选择"历史记录"面板中的"打开"操作

（12）在图像编辑窗口中单击"开学啦.jpg"选项卡，将其切换为当前图像，如图 1-11 所示。

（13）选择"窗口"→"排列"→"在窗口中浮动"命令，可将当前图像放置于一个独立窗口中，如图 1-12 所示。选择"窗口"→"排列"→"使所有内容在窗口中浮动"命令，则当前打开的两幅图像均各自放置于一个独立窗口中，如图 1-13 所示。

（14）选择"窗口"→"排列"→"平铺"命令,则两幅图像显示状态如图 1-14 所示。选择"窗口"→"排列"→"将所有内容合并到选项卡中"命令,则图像显示情况恢复到如图 1-1 所示的状态。

图 1-11　将"开学啦.jpg"切换为当前图像

图 1-12　当前图像置于一个独立窗口中

图 1-13　两幅图像各自放置于一个独立窗口中

图 1-14　两幅图像平铺

（15）分别选择两幅图像,利用"文件"→"存储为"命令,将两幅图像分别保存到另外的文件夹中,再选择"文件"→"关闭全部"命令关闭两幅图像,最后选择"文件"→"退出"命令退出 Photoshop。

1.1.1　Photoshop 的应用范围

多数人对于 Photoshop 的了解还仅局限于"一个很好的图像编辑软件",并不知道它其他的应用方面,随着软件功能的日渐强大,Photoshop 已经不只是设计领域的首选软件,它在我们日常生活的其他方面也逐渐展示出了自己的强大功能,下面将分别介绍 Photoshop 图像合成与特效的主要应用领域。

1. 艺术照片

随着数码电子产品的普及,图形图像处理技术逐渐被越来越多的人所应用,如美化照片、制作个性化的影集、修复已经损毁的图片等。

2. 界面设计

如果你经常上网,那么会看到很多界面设计得很朴素,看起来给人一种很舒服的感觉,有的界面设计很有创意,能给人带来视觉的冲击。界面的设计,既要从外观上进行创意以达到吸引人的目的,还要结合图形和版面设计的相关原理,从而使界面设计变成独特的艺术。为了使界面效果满足人们的要求,就需要设计师在界面设计中用到图形合成等效果,再配合特效的使用使其变得更加精美。

3. 广告设计

广告的构思与表现形式是密切相关的,有了好的构思接下来则需要通过软件来完成它,而大多数的广告是通过图像合成与特效技术来完成的。通过这些技术手段可以更加准确地表达出广告的主题。

4. 包装设计

包装作为产品的第一形象最先展现在顾客的眼前,被称为"无声的销售员",只有在顾客被产品包装吸引并进行查阅后,才会决定会不会购买,可见包装设计是非常重要的。图像合成和特效的运用使得产品在琳琅满目的货架上越发显眼,达到吸引顾客的效果。

5. 艺术效果文字

利用 Photoshop 对文字进行创意设计,可以使文字变得更加美观,富有个性,增强文字的感染力。

6. 插画设计

Photoshop 使很多人开始采用计算机图形设计工具创作插图。计算机图形软件功能使他们的创作才能得到了更大的发挥,无论是简洁还是繁复的,无论是传统媒介效果,如油画、水彩、版画风格,还是数字图形无穷无尽的新变化、新趣味,都可以更方便、更快捷地完成。

7. 动漫设计

动漫设计近年来十分盛行,有越来越多的爱好者加入动漫设计的行列,Photoshop 软件的强大功能使得它在动漫行业有着不可取代的地位,从最初的形象设定到最后渲染输出,都离不开它。

8. 建筑效果图后期修饰

在制作建筑效果图包括许多三维场景时,人物与配景包括场景的颜色常常需要在 Photoshop 中增加并调整。

9. 视觉创意

视觉创意与设计是设计艺术的一个分支,此类设计通常没有非常明显的商业目的,但由于它为广大设计爱好者提供了广阔的设计空间,因此越来越多的设计爱好者开始学习 Photoshop,并进行具有个人特色与风格的视觉创意。

1.1.2　Photoshop CC 2017 操作界面

启动 Photoshop 程序,Photoshop CC 2017 的工作界面主要由标题栏、菜单栏、工具选项栏、工具箱、面板、文档窗口、状态栏等组成,如图 1-15 所示。接下来对 Photoshop CC 工作界面进行介绍。

1. 标题栏

在 Photoshop CC 中,打开一个文件以后,Photoshop 会自动创建一个标题栏选项卡,若要显示已经打开的某幅图像,只要单击对应的选项卡即可。在标题栏的每一个选项卡中显示的内容有:图像文件名、图像显示比例、图像当前图层名称、图像颜色模式、颜色位深度等信息及文件关闭按钮。

标题栏　　菜单栏　　　文档窗口　工具选项栏

工具箱

面板

状态栏

图 1-15　Photoshop CC 工作界面

2. 菜单栏

Photoshop CC 将所有的命令集合分类后,放置在 11 个菜单中,利用下拉菜单命令可以完成大部分图像编辑处理工作。

3. 工具选项栏

工具选项栏用于设置工具箱中当前工具的参数。

图 1-16 是选择"矩形选框工具"后选项栏的显示情况。通过对选项栏中各项参数的设置可以定制当前工具的工作状态,以利用同一个工具设计出不同的选区效果。

图 1-16　"矩形选框工具"选项栏

4. 工具箱

学习软件的过程实际上就是学习软件中各工具和命令的过程。工具箱的默认位置位于窗口的最左侧,它包含了用于图像绘制和编辑处理的各种工具,各工具的具体功能和用法将在第 2 章中详细介绍。

工具箱具有伸缩性,通过单击工具箱顶部的伸缩栏 ▸▸ 　　可以在单栏和双栏之间任意切换,这样便于更灵活地利用工作区中的空间进行图像处理。

Photoshop 有 70 多种工具,由于窗口空间有限,它把功能相近的工具归为一组放在一个工具组按钮中,因此有许多工具是隐藏的。若要了解某工具的名称,只需把鼠标指针指向对应的按钮,稍等片刻,即会出现该工具名称的提示,如图 1-17 所示。许多工具按钮右下角都有一个黑色的小三角形,这表明该按钮是一个工具组按钮,在该按钮上按住左键不放或右击该按钮时,隐藏的工具便会显示出来,如图 1-18 所示,移动鼠标指针从中选择一个工具,该工具便成为当前工具。

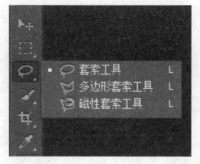

图 1-17　套索工具　　　　　　　　图 1-18　套索工具组显示

5. 面板

　　面板与菜单栏、工具箱一起构成了 Photoshop 的核心，是不可缺少的工作手段。面板的默认位置位于窗口的最右侧，Photoshop 提供了 20 多种面板，每一种面板都有其特定的功能，通过单独使用面板命令或各类快捷键与面板命令的结合使用，可迅速完成大多数软件操作，从而提高工作效率。

　　在 Photoshop CC 中，专门为不同的应用领域准备了相应的工作区环境。其中，主要包括基本功能、3D、图像和 Web、动感、绘画、摄影等工作区。只要在标题栏中单击相应的工作区按钮或在"窗口"→"工作区"级联菜单中选择相应的命令，即可切换到对应的工作区。选择不同的工作区时，显示的面板也有所不同。

　　面板也可以进行伸缩调整，其操作方法和使用工具箱类似，直接单击面板顶部的伸缩栏即可进行切换。对于已展开的面板，单击其顶部的伸缩栏，可以将其收缩成为图标状态，如图 1-19 所示。反之，单击未展开的面板顶部的伸缩栏，则可以将该栏中的面板全部都展开，如图 1-20 所示。

图 1-19　面板的收缩状态

图 1-20　面板的展开状态

　　如果要切换至某个面板,可以直接单击其标签名称。如果要隐藏某个已经显示出来的面板,可以双击其标签名称。

　　通过这样的调整操作,可最大限度地节省界面空间,方便观察与绘图。

6. 文档窗口

　　文档窗口是显示打开图像的地方,是用来显示、绘制、编辑图像的区域,如图 1-21 所示。

　　在 Photoshop CC 中,默认情况下,打开的图像均以选项卡的方式排列在图像编辑窗口

图 1-21　文档窗口

中，用鼠标拖动某个选项卡，则对应的图像会置于一个浮动的独立窗口中。

在"窗口"→"排列"级联菜单中有一组调整图像排列方式的命令，如图 1-22 所示。

- "层叠"：使两个或两个以上的浮动窗口层叠排列。
- "平铺"：使两个或两个以上的图像水平或垂直平铺排列。
- "在窗口中浮动"：将当前图像置于独立的浮动窗口中。
- "使所有内容在窗口中浮动"：将当前打开的所有图像均置于一个个独立的浮动窗口中。
- "将所有内容合并到选项卡中"：将所有打开的图像均以选项卡的方式排列在图像编辑窗口中。

7. 状态栏

状态栏主要由三部分组成：最左边显示当前图像的显示比例，可在此输入一个值改变图像的显示比例；中间部分默认显示当前图像的"文档大小"（如 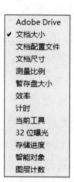，前面的数字代表将所有图层合并后的图像大小，后面的数字代表当前包含所有图层的图像大小），单击其右边的三角形按钮可打开状态栏选项菜单，如图 1-23 所示，选择其中的命令可改变状态栏中间部分的显示内容；状态栏最右边是水平滚动条。

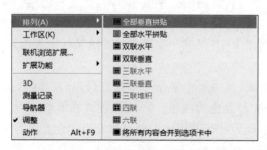

图 1-22　调整图像排列方式的命令　　　　图 1-23　状态栏选项菜单

1.1.3　图像的基本知识

1. 位图图像与矢量图形

计算机处理的图形图像有两种，分别是位图图像和矢量图形。

1）位图图像

位图也叫点阵图，它的基本元素是像素。如果把位图放大到一定程度，就会发现整个画面是由排成行列的一个个小方格组成的，这些小方格就被称为像素。每个像素都有其特定的颜色值和位置，对位图图像的编辑实际上就是对一个个像素的编辑。其优点是可以表达色彩丰富、细致逼真的画面；缺点是位图文件占用存储空间比较大，而且在放大输出时会发生失真现象。

常用的位图格式有 BMP、JPG、PSD、GIF、TIFF、PDF 等。

2）矢量图形

矢量图形由一些直线、圆、矩形等线条和曲线组成，这些线条和曲线是由数学公式定义的，数学公式根据图像的几何特性描绘图像。对矢量图形的编辑实际上就是对组成矢量图形的一个个矢量对象的编辑。所以矢量图文件所占存储空间一般较小。而且在进行缩放或旋转时,不会发生失真现象。缺点是能够表现的色彩比较单调,不能像照片那样表达色彩丰富、细致逼真的画面。矢量图通常用来表现线条化明显、具有大面积色块的图案。

Adobe 公司的 Illustrator、Corel 公司的 CorelDRAW 是常用的矢量图设计软件,Flash 制作的动画也是矢量动画。常用的矢量图格式有 AI(Illustrator 源文件格式)、DXF(AutoCAD 图形交换格式)、WMF(Windows 图元文件格式)、SWF(Flash 文件格式)等。

2. 颜色模式

颜色模式是指在显示器屏幕上和打印页面上重现图像色彩的模式。对于数字图像来说,颜色模式是个很重要的概念,它不但会影响图像中能够显示的颜色数目,还会影响图像的通道数和文件的大小。

下面分别介绍 Photoshop 最常用的几种颜色模式。

1) RGB 模式

RGB 模式是基于自然界中 3 种基色光的混合原理,将红(R)、绿(G)和蓝(B)3 种基色按照从 0(黑)到 255(白色)的亮度值在每个色阶中分配,从而指定其色彩。当不同亮度的基色混合后,便会产生出 256×256×256 种颜色,约为 1670 万种。例如,一种明亮的红色可能 R 值为 246,G 值为 20,B 值为 50。当 3 种基色的亮度值相等时,产生灰色;当 3 种亮度值都是 255 时,产生纯白色;而当所有亮度值都是 0 时,产生纯黑色。因为 3 种色光混合生成的颜色一般比原来的颜色亮度值高,所以 RGB 模式产生颜色的方法又被称为色光加色法。

2) CMYK 模式

CMYK 颜色模式是一种印刷模式,其中 4 个字母分别指青(cyan)、洋红(magenta)、黄(yellow)、黑(black),在印刷中代表 4 种颜色的油墨。CMYK 模式在本质上与 RGB 模式没有什么区别,只是产生色彩的原理不同,在 RGB 模式中由光源发出的色光混合生成颜色,而在 CMYK 模式中由光线照到有不同比例 C、M、Y、K 油墨的纸上,部分光谱被吸收后,反射到人眼的光产生颜色。由于 C、M、Y、K 在混合成色时,随着 C、M、Y、K 4 种成分的增多,反射到人眼的光会越来越少,光线的亮度会越来越低,所以 CMYK 模式产生颜色的方法又被称为色光减色法。

3) Lab 模式

Lab 模式解决了由于不同的显示器和打印设备所造成的颜色赋值的差异,也就是它不依赖于设备。Lab 颜色是以一个亮度分量 L 及两个颜色分量 a 和 b 来表示颜色的。其中 L 的取值范围是 0~100,a 分量代表由绿色到红色的光谱变化,而 b 分量代表由蓝色到黄色的光谱变化,a 和 b 的取值范围均为 −120~120。lab 模式所包含的颜色范围最广,能够包含所有的 RGB 和 CMYK 模式中的颜色。CMYK 模式所包含的颜色最少。当将 RGB 模式转换成 CMYK 模式时,Photoshop 会自动将 RGB 模式转换为 Lab 模式,再转换为 CMYK 模式。

除上述 3 种最基本的颜色模式外,Photoshop 还支持位图模式、灰度模式、双色调模式、索引颜色模式和多通道模式等。

3. 图像的文件格式

(1) PSD 格式:Photoshop 的默认文件格式,扩展名为".psd",是能够支持所有图像模式(位图、灰度、双色调、索引颜色、RGB、CMYK、Lab 和多通道)的文件格式,甚至它还可以保存图像中的辅助线、Alpha 通道和图层，从而为再次调整、修改图像提供了可能。

（2）JPEG 格式：一种压缩图片文件格式，扩展名通常为".jpg"，文件占用磁盘空间较小，常用于因特网上，可以显示网页（HTML）文档中的照片和其他连续色调图像。JPEG 格式保留 RGB 图像中的全部颜色信息，支持 RGB、CMYK 和灰度颜色模式，不支持 Alpha 通道。

（3）GIF 格式：图形交换格式，扩展名为".gif"，它是一种压缩图片文件格式，文件占用磁盘空间较小，常用于因特网上，可以显示网页文档中的索引颜色图形和图像。GIF 格式保留索引颜色图像中的透明度，不支持 Alpha 通道。

（4）TIFF 格式：标记图像文件格式，扩展名为".tif"，大多数图像应用程序和扫描仪一般都支持 TIFF 格式。TIFF 格式支持具有 Alpha 通道的 RGB、CMYK、Lab、索引颜色和灰度模式图像和无 Alpha 通道的位图模式图像，可以用 TIFF 格式存储图层、注释和透明度。

（5）PNG 格式：便携网络图形格式，扩展名为".png"，支持无损压缩，用于在网络上显示图像（某些 Web 浏览器不支持 PNG 图像）。PNG 格式支持无 Alpha 通道的 RGB、索引颜色、灰度和位图模式图像，保留 RGB 和灰度图像中的透明度，支持 24 位图像并产生无锯齿状边缘的背景透明度。

（6）PDF 格式：便携文档格式，扩展名为".pdf"，PDF 格式可以显示和保留字体、页面版式以及位图图像和矢量图形，还可以包括电子文档导航（如电子链接）和搜索功能。

图像的内容和用途的不同，选用的图像格式也不同。例如，要用于网页的图像通常应选用压缩效果较好的 JPEG 或 GIF 格式，以便使文件占用较小的网络存储空间并使文件的网络传输时间较短。虽然都是用于网页图像，还要根据图像的内容作进一步的选择：如果图像具有连续色调（如照片），则应选用 JPEG 格式；如果图像具有单调颜色或者含有清晰细节，则应选用 GIF 格式。

1.2　任务：制作创意照片

任务要求

利用选择工具中的"选择并遮住"工作区制作如图 1-24 所示的照片效果。

图 1-24　效果图

任务分析

- 本案例主要运用选择工具中的"选择并遮住"工作区将单一的选择工具无法完成的细节部分进行抠像。
- 学习图层的复制。
- 运用移动工具和缩放工具调整图像。

制作流程

(1) 打开 Photoshop CC 软件,选择素材文件中的"毛绒小熊"图片,单击图片,按住鼠标左键不放进行拖动,到 Photoshop CC 软件界面,当鼠标变成加号 时松开鼠标,打开素材图片"毛绒小熊.jpg",如图 1-25 所示。

(2) 将背景图层选中,按住鼠标左键不放,拖动到下方 按钮之后松开鼠标,背景图层被复制成为"背景拷贝"图层,选中"背景拷贝"图层,单击左侧工具箱中 图标右边的三角形,从弹出的下拉工具栏中选择"快速选择工具",选择上方选项栏中的 形状,如图 1-26 所示。按住鼠标左键不放,用鼠标在小熊周围单击并且逐渐移动,不要松开鼠标,向小熊图像的其他部位移动,直至小熊周围出现虚线框,如图 1-27 所示,选择上方选项栏中的"选择并遮住"属性,如图 1-28 所示,进入图 1-29 所示的调整边缘窗口。

(3) 如图 1-30 所示,选择"调整边缘画笔"工具,将属性中的半径设置为"2",选中"显示边缘"复选框,将透明度设置为 36%,如图 1-31 所示。单击画笔选项右下方的三角形,在弹出的画笔大小选项中拖动鼠标,将大小设置为 23 像素,如图 1-32 所示。按住鼠标左键,将鼠标指针沿着小熊边缘移动,小熊边缘被加亮显示,直到效果如图 1-33 所示。

(4) 在"输出设置"中,选择"输出到 新建图层"选项,如图 1-34 所示,单击"确定"按钮回到编辑界面,新增加了一个被复制小熊的透明图层,如图 1-35 所示。

图 1-25　布熊素材图片

图 1-26　快速选择工具

图 1-27　快速选择工具绘制小熊选区

图 1-28　"选择并遮住"属性

图 1-29　"调整边缘"窗口

图 1-30　选择"调整边缘
画笔"工具

图 1-31　调整边缘属性设置

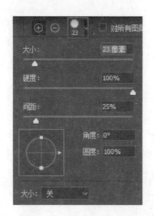

图 1-32　调整画笔大小

图 1-33　绘制边缘效果

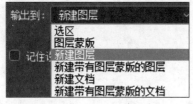

图 1-34　输出设置

图 1-35　图层效果

（5）打开素材文件中的"草地"素材，再次选择小熊图片，选择
工具箱中的移动工具，使用移动工具将选中的小熊图像移动到草
地上的合适位置，同时使用"编辑"→"变换"命令或者按 Ctrl＋T
快捷键缩放至合适大小，单击 ✓ 按钮，效果如图 1-36 所示。

（6）将小熊图像图层再复制一个，用步骤（5）的方法进行位置
和大小的调整，如图 1-37 所示，单击 ✓ 按钮，完成效果如图 1-24
所示。

演示步骤视频及设计素材

图 1-36　小熊移动和缩放后的效果

图 1-37　复制和调整第二只小熊

Photoshop CC 的新增功能

　　Photoshop CC 2017 新增了许多的功能,新增的功能主要包括快速启动创意项目、全面搜索、"选择并遮住"工作区、人脸识别液化、Creative Cloud Libraries、"属性"面板的改进、Camera Raw 滤镜等,这些新功能让图片处理更加高效,更重要的是更加智能了,接下来将重点介绍常用的这几项新增功能。

1. 快速启动创意项目

　　当在 Photoshop CC 中创建文档时,无须从空白画布开始,而是可以直接从 Adobe Stock 的各种模板中进行选择,如图 1-38 所示。这些模板包含 Stock 资源和插图,可以在此基础上进行构建,从而完成项目。在 Photoshop 中打开一个模板时,可以像处理其他任何 Photoshop 文档(.psd)那样处理该模板。除了模板之外,还可以从 Photoshop 大量可用的预设中选择或者创建自定大小的文档。

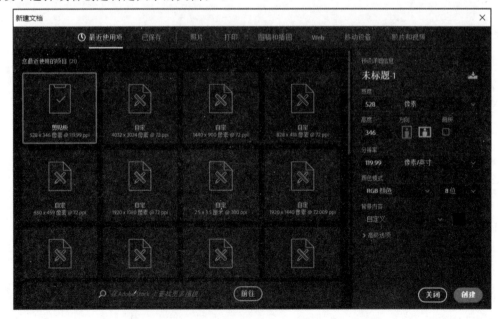

图 1-38　快速启动创意项目

2. 全面搜索

Photoshop 具有强大的搜索功能,可以在用户界面元素、文档、帮助和学习内容、Stock 资源中进行搜索,更重要的是,可以使用统一的对话框完成搜索,如图 1-39 所示。启动 Photoshop 后或者打开一个或多个文档时,就可以立即搜索项目。要开始搜索,可以在 Photoshop 中选择"编辑"→"搜索"命令;或者使用 Ctrl+F 快捷键;或者单击"选项"栏最右侧的"搜索"按钮,该图标位于"工作区切换器"图标的左侧。

图 1-39　使用搜索功能

3. "选择并遮住"工作区

在 Photoshop CC 中使用"快速选择工具"等工具可精确建立选区和蒙版,比以往更加简单快捷。新增的"选择并遮住"专用工作区可以帮助用户准确选取范围和建立蒙版,如图 1-40 所示。对于之前的"调整边缘"进行了优化,工作流程区分前景和背景完全不留痕迹,还能选择更多内容,此工具与经典版 Photoshop 中相应工具的工作原理类似。鼠标向下滚动时可提供高品质的调整预览。也可以切换到低分辨率预览,以便获取更好的交互性。

图 1-40　使用"选择并遮住"选项调整边缘

4. 人脸识别液化

在 Photoshop CC 中,打开一张人物照片后,选择"滤镜"→"液化"命令,可以将"人脸识别液化"功能设置为独立或对称地应用于眼睛的修改。单击"链接" 图标,可以同时锁定左右眼的设置。可以设置眼睛大小、宽度、高度等参数,此选项有助于让眼睛应用对称效果,同时可以对鼻子、嘴唇、肌肉等进行精确调整,如图 1-41 所示。

5. Creative Cloud Libraries

Creative Cloud Libraries 是一种 Web 服务,它允许在各种 Adobe 桌面和移动设备应用程序中访问用户的资源。可以将 Photoshop 中的渐变、图形、颜色、文本样式、画笔和图层样式添加到 Creative Cloud Libraries,这样就能轻松地在多个 Creative Cloud 应用程序中访问这些元素。新建库的方法如下:在 Photoshop CC 中,依次选择"窗口"→"库"命令,在"库"面板上,从弹出的菜单中选择"创建新库"命令,在打开的对话框中输入新建库的名称,然后单击"创建"按钮。

6. "属性"面板的改进

在 Photoshop CC 中,"属性"面板属于"基本功能"工作区。其他属性显示在文字图层的"属性"面板中。可以直接通过"属性"面板,修改某些文本设置。在没有选择图层或其他元素的情况下,"属性"面板可以显示文档属性,如图 1-42 所示。选择图层之后的"属性"面板,可以显示位图/像素图层属性,如图 1-43 所示。

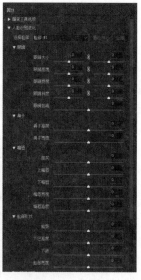

图 1-41　人物图像使用"液化"命令界面

图 1-42　未选择图层的属性面板

图 1-43　选择图层的属性面板

7. Camera Raw 滤镜

在 Photoshop CC 中 Camera Raw 插件变成滤镜了，它是专为摄影爱好者开发的功能，Photoshop CC 之前的版本中 Camera Raw 作为单独的插件运行，在 Photoshop CC 中将它内置为滤镜，使得图片不需要 RAW 格式也能在 Camera Raw 的环境下对白平衡、色调范围、对比度、颜色饱和度以及锐化进行调整，可以方便地处理图层上的图片，可以说是 Photoshop CC 版的一大亮点。图 1-44 所示为花朵使用 Camera Raw 滤镜之后变得更加鲜艳的视觉效果。

调整前　　　　　　　　　　　调整后

图 1-44　使用 Camera Raw 滤镜效果

思考与实训

一、填空题

1. Photoshop 图像最基本的组成单元是＿＿＿＿＿＿＿＿。

2. 计算机处理的图形图像有两种，分别是＿＿＿＿＿＿＿和＿＿＿＿＿＿＿，其中，放大时不会发生失真现象的是＿＿＿＿＿＿＿，占用存储空间比较大的是＿＿＿＿＿＿＿。

3. Photoshop 默认的颜色模式是＿＿＿＿＿＿＿，专为印刷而设计的颜色模式是＿＿＿＿＿＿＿，为防止颜色丢失现象的发生，在 Photoshop 中将 RGB 颜色模式转换为 CMYK 模式时，应利用＿＿＿＿＿＿＿作为中间过渡模式。

4. Photoshop 专用的图像文件格式是＿＿＿＿＿＿＿，支持透明设置的图像文件格式有＿＿＿＿＿＿＿格式和＿＿＿＿＿＿＿格式。

5. Photoshop CC 的工作界面主要由＿＿＿＿＿＿＿、菜单栏、工具选项栏、面板和＿＿＿＿＿＿＿等组成。

6. “历史记录”面板下方三个按钮的名称从左向右依次是＿＿＿＿＿＿＿、＿＿＿＿＿＿＿和删除当前状态。

二、上机实训

1. 启动 Photoshop CC，说出 Photoshop 窗口中各部分的名称，对工具箱进行伸缩变换，对面板进行展开与收缩、拆分与组合操作。

2. 打开图像文件“卡通彩绘风景.psd”，如图 1-45 所示。

3. 打开“图层”面板，利用“图层显示/隐藏”功能对各图层进行显示与隐藏的切换。

图 1-45　"卡通彩绘风景"图像

4. 利用"抓手工具"和"导航器"面板改变图像在窗口中的显示位置。

5. 利用"历史记录"面板将图像恢复为刚打开时的状态。

6. 同时打开两幅或更多幅图像,用不同的方式对各图像进行各种排列方式的设置。

7. 关闭所有图像,退出 Photoshop CC。

数码照片艺术处理

2.1 任务：聚光效果

任务要求

利用选区的创建与编辑，将图 2-1 处理成如图 2-2 所示聚光效果（突出主体的时候把主体以外的部分加深加暗处理）。

图 2-1 原图

图 2-2 效果图

任务分析

- 利用椭圆选框工具建立选区。
- 设置选区的羽化值，然后反选。
- 创建新图层，利用填充工具对选区进行填充。
- 设置图层的不透明度，完成任务制作。

制作流程

（1）选择菜单中的"文件"→"打开"命令，打开第 2 章"素材 2-1.jpg"文件，如图 2-3 所示。

图 2-3　打开文件

（2）选择工具箱中的椭圆选框工具，按住鼠标左键拖动鼠标，在图像中间拖出一个椭圆选区，如图 2-4 所示。

（3）选择"选择"→"修改"→"羽化"命令，如图 2-5 所示，设定羽化半径为 50 像素，如图 2-6 所示。

（4）选择"选择"→"反向"命令，如图 2-7 所示，使选区反向选择（或者使用 Shift＋Ctrl＋I 快捷键）。

图 2-4　制作椭圆形选区

图 2-5　羽化

图 2-6　设置羽化值

图 2-7　反向选区

（5）打开图层面板，在背景层上新建一个图层 1，如图 2-8 所示，用油漆桶在图像上填充黑色，如图 2-9 所示，并设置该图层的不透明度为 85％，如图 2-10 所示。选择"选择"→"取消选择"命令或者使用 Ctrl＋D 快捷键取消选区，完成制作。

演示步骤视频及设计素材

图 2-8　新建图层　　　　　　图 2-9　填充黑色　　　　　　图 2-10　设置图层的
　　　　　　　　　　　　　　　　　　　　　　　　　　　　　　　不透明度为 85%

2.1.1　规则选择工具的使用

规则选择工具即为工具箱中的选框工具组，它包括矩形选框
工具、椭圆选框工具、单行选框工具及单列选框工具，如图 2-11
所示。

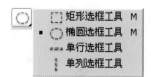

图 2-11　规则选择工具

1. 矩形选框工具 [_]

在图像上单击并拖动，可创建矩形选区。拖动的同时按下
Shift 键，可创建一个正方形选区。

2. 椭圆选框工具 ◯

在图像上单击并拖动，可创建椭圆选区。拖动的同时按下 Shift 键，可创建一个圆形选区。

3. 单行选框工具 ⊏⊐

在图像上单击可创建一个横向贯穿窗口、宽度为 1 像素的水平线形选择范围。

4. 单列选框工具 ▯

在图像上单击可创建一个纵向贯穿窗口、宽度为 1 像素的垂直线形选择范围。

2.1.2　选区的羽化

羽化的作用是柔化选区的边缘，使边缘产生一个自然的过渡效果。数值越大，柔和效果
越明显，如图 2-12～图 2-14 所示。

可通过工具选项栏中的羽化选项设置羽化值，也可通过选择"选择"→"修改"→"羽化"
命令来设置羽化值，如图 2-15 和图 2-16 所示。

图 2-12　羽化值为 0 像素　　　　图 2-13　羽化值为 5 像素　　　　图 2-14 羽化值为 10 像素

图 2-15　通过工具选项栏中的羽化选项设置羽化值

图 2-16　通过菜单设置羽化值

2.1.3　油漆桶工具

油漆桶工具 用于对图像进行图案填充与单色填充,但不能对位图图像进行填充。选中该工具后,打开工具选项栏,如图 2-17 所示。

图 2-17　油漆桶选项栏

油漆桶选项栏中的主要选项功能介绍如下。

- 设置填充区域的源下拉列表:从中可以选择"前景"和"图案"两个选项。选择"前景"则给选区填充前景色(单色),选择"图案"则其右侧的"图案列表"按钮被激活,可以选择用于填充的图案。
- 模式:用来设置选区内填充的图案或前景色与图像原有的底色混合的方式,从"模式"下拉列表中选择不同的混合模式,可以创建各种特殊的图像效果。
- 不透明度:用来设置填充的图案或前景色的"不透明度",数值越小,透明度越高。

- 容差：用来定义填充像素的颜色相似程度，取值范围为 0～255。容差值越大，填充的范围越大。

2.2　任务：田园诗画

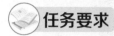任务要求

利用磁性套索、仿制图章、内容识别等工具，根据图 2-18 所示的素材，制作完成如图 2-19 所示的效果图。

图 2-18　原图

图 2-19　效果图

任务分析

- 利用磁性套索工具对部分图像建立选区。
- 利用仿制图章工具去除多余的图像。
- 使用移动工具对所选图像进行移动复制。
- 利用内容识别命令调整图像。
- 使用"编辑"→"变换"命令对图像进行缩放调整，完成图像的合成。

制作流程

（1）执行"文件"→"打开"命令，打开第 2 章"素材 2-2.jpg"及"素材 2-3.jpg"文件，如图 2-20 和图 2-21 所示。

图 2-20　打开素材文件

图 2-21　素材文件

（2）选中"素材 2-2.jpg"文档，复制背景图层，选择工具箱中的椭圆工具，在莲蓬上拖出一个椭圆，执行"编辑"→"填充"→"内容识别"命令，在弹出的如图 2-22 所示的内容识别选项对话框中单击"确定"按钮，然后执行"选择"→"取消选区"命令取消椭圆选区，效果如图 2-23 所示。

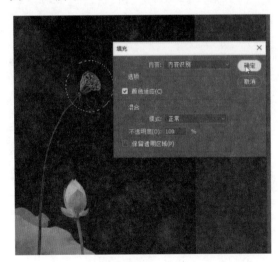

图 2-22　内容识别选项对话框

图 2-23　去除莲蓬

（3）单击左侧工具栏中的仿制图章工具 ![图标]，画笔大小调整为 39，在莲蓬梗旁边的背景部分按住 Ctrl 键的同时按下鼠标左键，鼠标变为 ![图标] 形状，松开 Ctrl 键，此时鼠标多了一个"+"号，沿着莲蓬梗向下不断地单击鼠标，会发现莲蓬梗逐渐消失。到荷叶多的图像处，不断调整画笔的大小，直到莲蓬梗完全消失，如图 2-24 所示。

（4）单击左侧工具栏中的裁切工具 ，将荷花放到九宫格的左上侧中心位置突出显示，如图 2-25 所示。

图 2-24　去除莲蓬梗　　　　　　图 2-25　裁切荷花

（5）单击"素材 2-3"的文件名将其激活，接下来使用套索工具栏 下拉工具列表中的磁性套索工具 ，一直按住鼠标左键不放，连续沿着蜻蜓的周围移动一圈，然后松开鼠标左键，抠出蜻蜓的外轮廓部分，如图 2-26 所示。使用 Ctrl＋J 快捷键创建一个新图层。

（6）将背景图层隐藏，接下来不断调整画笔的大小，使用快速选择工具 ，选择多余的背景部分，按 Delete 键进行删除，对蜻蜓的四肢部分进行精确抠图。完成的图层和效果图如图 2-27 所示。

图 2-26　抠取蜻蜓

图 2-27　精抠蜻蜓

（7）选中蜻蜓所在的图层，单击左侧工具栏中的移动图标 ，将蜻蜓移动到荷花所在的文件中，并利用 Ctrl＋T 快捷键调整蜻蜓的大小，移动到合适的位置，效果如图 2-28 所示。

（8）为图像添加文字。单击左侧工具栏的文字工具按钮 ，选择如图 2-29 所示的"直排文字工具"，在图像的右方单击鼠标，将字体设置为"隶书"，字号设置为"36"，输入文字"小池"，再将字体设置为"楷体"，字号设置为"30"，输入文字"宋　杨万里"。效果如图 2-30 所示。

图 2-28　移入蜻蜓并调整位置、大小　　图 2-29　选择"直排文字工具"　　图 2-30　输入文字

（9）用同样的方法再次将字体设置为"隶书"，字号设置为"36"，输入文字"泉眼无声息溪流"，按 Enter 键自动进入到下一行，输入"树阴照水爱晴柔"，用同样的方法输入后两句诗词"小荷才露尖尖角""早有蜻蜓立上头"。至此，如图 2-19 所示效果制作完成。

演示步骤视频及设计素材

2.2.1　不规则选择工具

不规则选择工具包括套索工具、多边形套索工具、磁性套索工具，如图 2-31 所示。

图 2-31　不规则选择工具

1. 套索工具

套索工具 类似于徒手绘画工具，只需要按住鼠标在图形内拖动，鼠标的轨迹就是选择的边界，同时按住 Alt 键时，可以绘制直线。如果起点和终点不在一个点上，那么默认通过直线使之连接。

套索工具的优点是使用方便、操作简单，缺点是难以控制，所以主要用在精度不高的区域选择上，如图 2-32 所示。

2. 多边形套索工具

多边形套索工具 用来在图像中制作由直线组成的多边形选区。当按住 Shift 键时，可以绘制出垂直线、水平线和 45°线。

多边形套索工具最适合不规则直边对象的抠取，如图 2-33 所示。

图 2-32　使用套索工具对衣服建立选区　　图 2-33　使用多边形套索工具对门建立选区

3. 磁性套索工具

磁性套索工具 类似于一个感应选择工具,是一种具有识别边缘功能的套索工具。在图像和背景色差别较大的地方,单击鼠标选取起点,然后沿图形边缘移动鼠标,磁性套索工具根据颜色差别自动选择,回到起点时会在鼠标的右下角出现一个小圆圈,表示区域已封闭,此时单击即可完成此操作。

磁性套索工具适合抠取边缘比较清晰,与背景反差较大的图像,如图 2-34 所示。其选项栏如图 2-35 所示。

图 2-34　使用磁性套索工具对礼帽建立选区

图 2-35　磁性套索工具选项栏

磁性套索工具选项栏的主要选项功能介绍如下。

- 宽度:可输入 1~256 的像素值,它可以设置一个像素宽度,"磁性套索"工具只检测从光标到用户指定的宽度距离范围内的边缘,然后在视图中绘制选区。
- 对比度:可输入 1~100 的百分比值,它可以设置"磁性套索"工具检测图像边缘的灵敏度。如果要选取的图像与周围的图像之间的颜色差异比较明显(对比度较强),那么就应设置一个较高的百分比值。反之,对于图像较为模糊的边缘,应输入一个较低的边缘对比度百分比值。
- 频率:可输入 0~100 的值,它可以设置此工具在选取时关键点创建的速率。设定的数值越大,标记关键点的速率越快,标记的关键点就越多;反之,设定的数值越小,标记关键点的速率越慢,标记的关键点就越少。当查找的边缘较复杂时,需要较多的关键点来确定边缘的准确性,可采用较大的频率值;当查找的边缘较光滑时,就不需要太多的关键点来确定边缘的准确性,可采用较小的频率值。

2.2.2　移动工具

移动工具 主要用于移动图层中的图像或选择的对象,单击移动工具或按快捷键 V后,就会切换至移动工具。

移动时，可以用鼠标或方向键进行操作。用鼠标可以直接拖动对象至目标位置，可以实现幅度较大的移动；用方向键也可以进行相应方向的移动，但方向键移动的幅度较小，可以实现精确移动。移动对象时按住 Alt 键的同时拖动对象，可实现对象的复制。

2.2.3 内容识别

Photoshop CC 2017 为用户带来了革命性的工具——内容识别，它轻松地将填充命令和污点修复画笔的能力提升到一个新的高度。

所谓内容识别，就是当我们对图像的某一区域进行覆盖填充时，由软件自动分析周围图像的特点，将图像进行拼接组合后填充在该区域并进行融合，从而达到快速、无缝的拼接效果。使用时在填充对话框的下拉列表中选择即可，如图 2-36 所示。

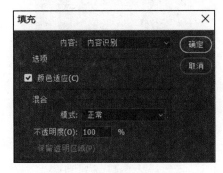

图 2-36　内容识别的使用

2.3　任务：动感照片制作

任务要求

将一张人物动作照片通过 Photoshop 中的"操控变形"功能处理成具有运动效果的照片，从而增加其动感效果，如图 2-37 和图 2-38 所示。

图 2-37　原图

图 2-38　效果图

任务分析

■ 使用魔术棒工具制作人物选区。

- 创建新图层 1,并将人物复制到图层 1 上。
- 复制图层 1 并命名为图层 2,利用操控变形功能将人物变形,并调整该图层不透明度为 60%。
- 再复制图层 1 并命名为图层 3,重复上一步操控变形,继续将人物进行变形,并调整该图层不透明度为 40%。
- 调整图层顺序并合并图层,完成制作。

制作流程

(1) 执行"文件→打开"命令,打开素材"2-4.jpg 文件",如图 2-39 所示。

图 2-39　打开素材文件

(2) 选择工具箱中的魔棒工具 ,对图像中的人物建立选区,然后按 Shift+Ctrl+I 快捷键对选区进行反选,如图 2-40 所示。

(3) 执行"图层"→"新建"→"通过拷贝的图层"命令,创建图层 1,如图 2-41 所示。

图 2-40　在图像中建立人物选区并反选

图 2-41　创建图层 1

(4) 右击图层 1,在弹出的菜单中选择"复制图层"命令,并在弹出的对话框中将复制的图层命名为"图层 2",如图 2-42 和图 2-43 所示。

(5) 选中图层 2,执行"编辑"→"操控变形"命令,如图 2-44 所示。

(6) 人物图像的身体上会有网格出现,可以通过选项栏改变网格的浓密程度,点越多,细节调整得越好,如图 2-45 所示。

(7) 在人物主要关节处单击,添加图钉(就是一个黄色的圆点),通过移动这些圆点,改变人物肢体的位置,然后按 Enter 键结束变形,如图 2-46 所示。

图 2-42　复制图层

图 2-43　命名"图层 2"

图 2-44　"编辑"→"操控变形"命令

图 2-45　人物图像中的网格

图 2-46　通过操控变形改变人物肢体位置

（8）设置图层 2 的不透明度为 60％，如图 2-47 所示。

（9）右击图层 2，在弹出的菜单中选择"复制图层"命令，并在弹出的对话框中将复制的图层命名为"图层 3"。重复步骤（5）～步骤（7）继续调整人物肢体位置，并设置图层 3 的不透明度为 40％，如图 2-48 所示。

演示步骤视频及设计素材

图 2-47　设置整图层 2 的不透明度为 60%

图 2-48　设置图层 3 的不透明度为 40%

（10）调整图层 1 的顺序，将图层 1 置于最上层，并保存文件完成操作，如图 2-49 所示。

图 2-49　调整图层顺序

操控变形

执行"编辑"→"操控变形"命令,可以看到被操控的对象身上出现了密密麻麻的网格,它把对象分割成了许多小块。若想调整分割的密度,则可运用选项栏上的"浓度"选项,较高的密度可执行细处的调节,较低的密度可快速摆出想要的姿态。按 Ctrl+H 快捷键,或取消选中"显示网格"选项,就可把网格消除。对将要执行操控变形的图像进行设定时,鼠标会变成图钉的样式 📌,运用它来定义变形关节。在图像上单击,就会在单击的地方加上一个图钉(就是一个黄色的圆点,黄色圆点中有黑色的小点时表示该点为当前选中的点)。按住 Alt 键,当图形形状变成剪刀时就可以删除该点。设定好关节点后,通过移动这些圆点,就能够改变被操控对象的位置了。调节结束后,按 Enter 键结束操作。

总之,操控变形是十分实用的功能,适合动物类的运动表现。原始素材的形态相当重要,假如动态相对舒展,则获得的结果会相对理想;假如肢体相互重叠,做起来就相对困难。

2.4 任务:照片扶正

📖 任务要求

由于拍摄技术的原因把,原来正的建筑拍斜了,我们可以利用裁切工具将倾斜的照片调整过来,如图 2-50 和图 2-51 所示。

图 2-50 原图　　　　　　　　　　　　图 2-51 效果图

✏ 任务分析

■ 使用裁切工具将拍摄倾斜的照片框选。

■ 选中裁切工具选项栏中的拉直选项,将倾斜的照片扶正。

✐ 制作流程

(1) 选择"文件"→"打开"命令,打开素材"2-5.jpg"文件。

(2) 选择工具箱中的裁切工具,如图 2-52 所示。

(3) 在裁切工具选项栏中单击"拉直"按钮,打开拉直选项,如图 2-53 所示。

演示步骤视频及设计素材

图 2-52　在图像中建立一个裁剪框

图 2-53　选定裁切工具选项栏中的"拉直"选项

（4）在图像中拉出灯塔的垂直线，如图 2-54 所示。

图 2-54　拉出垂直线

（5）调整后按 Enter 键结束，完成制作。

裁切工具

　　裁切工具 可以在图像或图层中裁剪所选定的区域。图像区域选定后，在选区边缘将出现 8 个控制点，用于改变选区的大小，同时还可以旋转选区。选区确定后，可通过以下三种方式确认裁剪：①双击选区；②按 Enter 键；③单击选项栏中的"提交当前裁切操作" ✓ 按钮。

在 Photoshop 裁切工具中,透视裁切工具可以把具有透视的影像进行裁剪,把画面拉直并纠正成正确的视角。

在 Photoshop 裁切工具中,单击"比例"工具选项栏右侧的下拉箭头,弹出如图 2-55 所示的下拉菜单,根据需要进行选择即可。

图 2-55　裁切工具选项栏

选择裁切工具,在裁切工具的属性框中,有一个等比例裁剪菜单,内置了从 1∶1 方形尺寸到常用的 4∶5、5∶7、2∶3、16∶9 等常用照片比例。

在选择原始比例裁剪照片时,所选择的裁剪比例不会随裁剪框的尺寸更改而发生变化,所以可以随意控制照片被裁剪的位置。

- 宽度、高度:可输入固定的数值,直接完成图像的裁剪。
- 分辨率:输入数值确定裁剪后图像的分辨率,可选择分辨率的单位。
- 新建裁剪预设:可将本次裁剪的样式存储,下次需要使用时单击新建的预设即可直接调用,如果不需要则可选择删除裁剪预设选项进行删除操作。
- 删除裁剪的像素:在选择工具属性框中有"删除裁剪的像素"选项,该选项默认为选中状态。对照片进行裁剪操作后,如果想重新显示被裁剪区域,只需取消选中"删除裁剪的像素"复选框并单击画面即可。此时可以选择重新裁剪或者恢复原图。

2.5　任务: 为照片添加彩虹效果

任务要求

利用渐变工具,为照片添加彩虹效果如图 2-56 和图 2-57 所示。

图 2-56　原图

图 2-57　效果图

任务分析

- 创建新图层，并在图层上选择"渐变工具"，进行填充前的准备。
- 打开"渐变编辑器"，进行彩虹渐变的设置。
- 在渐变工具选项栏中选择径向渐变方式，在图层上进行渐变填充。
- 执行"编辑"→"变换"命令，对彩虹进行适当调整。
- 设置图层不透明度，完成制作。

制作流程

（1）选择"文件"→"打开"命令，打开素材"2-6.jpg"文件。

（2）选择"渐变工具"，打开"渐变编辑器"对话框，设置彩虹渐变方案，如图 2-58 和图 2-59 所示。

（3）新建图层 1，在渐变工具选项栏中选择径向渐变方式，并在图层 1 中进行渐变填充，如图 2-60 所示。

图 2-58　渐变工具及选项栏

图 2-59　在"渐变编辑器"对话框中设置彩虹渐变方案

图 2-60　在图层 1 中进行径向渐变填充

(4) 按 Ctrl+T 快捷键,对图层 1 上的图像进行自由变换,再使用移动工具对图像进行移动操作,如图 2-61 所示。

(5) 使用橡皮擦将多余的部分图像进行擦除,如图 2-62 所示,再使用移动工具对图像进行适当移动。

(6) 设置图层 1 的不透明度为 30%,如图 2-63 所示,完成本例制作。

演示步骤视频及设计素材

图 2-61 对彩虹部分进行调整

图 2-62 对图像中多余部分进行擦除

图 2-63 设置图层 1 的不透明度

2.5.1 填充工具

填充工具主要包括渐变填充工具和油漆桶工具(前面已介绍)。

渐变填充工具可以在图像区域或图像选择区域中填充一种渐变混合色。渐变工具不能用于位图、索引颜色或每通道 16 位模式的图像。使用方法是:按住鼠标拖动,形成一条直线,直线的长度和方向决定渐变填充的区域和方向。如果在拖动鼠标时按住 Shift 键,就可保证渐变的方向是水平、竖直或成 45°。默认的渐变是创建一个从前景色逐渐混合到背景色的填充。渐变工具的选项栏如图 2-64 所示。

图 2-64 渐变工具选项栏

单击渐变工具选项栏中的"点按可编辑渐变"按钮 ,打开"渐变编辑器"对话框,如图 2-65 所示。可以通过此对话框建立一个新的渐变色或编辑一个旧的渐变色,如图 2-65 所示。

- 预设：可从列表区中选择渐变样式。
- 渐变类型：用来设置渐变的类型。渐变工具有 5 种渐变类型：线性渐变、径向渐变、角度渐变、对称渐变及菱形渐变，如图 2-66 所示。
- 平滑度：可设置颜色过渡的效果，数值越大，过渡效果越自然。
- 渐变设计条：用来定义新的编辑样式。

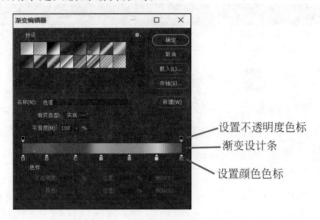

设置不透明度色标
渐变设计条
设置颜色色标

图 2-65 "渐变编辑器"对话框

线性渐变　　径向渐变　　角度渐变　　对称渐变　　菱形渐变

图 2-66 5 种渐变类型

2.5.2 橡皮擦工具

橡皮擦工具组主要用于擦除图像中多余的图像，共包括三个工具，如图 2-67 所示。

图 2-67 橡皮擦工具组

1. 橡皮擦工具

橡皮擦工具 用于对图像区域进行清理，被清除的区域将填充为背景色。其工具选项栏如图 2-68 所示。

图 2-68 橡皮擦工具选项栏

- 模式：该列表有画笔、铅笔和块三个选项。当选择"画笔"或"铅笔"模式时，"橡皮擦工具"如同"画笔工具"或"铅笔工具"；当选择"块"模式时，该工具具有硬边缘和固定大小的方块形状，且"不透明度"和"流量"选项无效。
- 不透明度：当模式为"画笔"或"铅笔"时，可通过设置不透明度来定义擦除的强度。100% 不透明度将完全擦除，较低的不透明度将部分擦除。
- 流量：设置擦除的油彩的速度。

■ 抹到历史记录:擦除指定历史记录状态中的区域。

2. 背景橡皮擦工具

背景橡皮擦工具 用于清除背景图像,被清除的图像变为透明的图层,同时背景图层自动变为普通图层。其工具选项栏如图 2-69 所示。

图 2-69　背景橡皮擦工具选项栏

■ "取样"选项:"连续" (随着拖动连续采取色样)、"一次" (只擦除包含第一次单击的颜色的区域)和"背景色板" (只擦除包含当前背景色的区域)。
■ 限制:有三种模式。"不连续"(擦除出现在画笔下面任何位置的样本颜色)、"邻近"(擦除包含样本颜色并且相互连接的区域)和"查找边缘"(擦除包含样本颜色的连接区域,同时更好地保留形状边缘的锐化程度)。
■ 容差:低容差仅限于擦除与样本颜色非常相似的区域,高容差擦除范围更广的颜色。
■ 保护前景色:可防止擦除与工具框中的前景色匹配的区域。

3. 魔术橡皮擦工具

用魔术橡皮擦工具 在图像上单击时,会自动擦除所有相似的颜色。如果是在锁定了透明度的图层中擦除图像,则被擦除的颜色会更改为背景色,否则擦除区域变为透明。其工具选项栏如图 2-70 所示。

图 2-70　魔术橡皮擦工具选项栏

■ 消除锯齿:可使擦除区域的边缘平滑。
■ 连续:只擦除与单击像素连续的像素,取消选择则擦除图像中的所有相似像素。
■ 对所有图层取样:利用所有可见图层中的组合数据来采集擦除色样。

2.6　任务:快乐篮球照片制作

📖 任务要求

利用仿制图章工具,制作动感扣篮照片如图 2-71、图 2-72 所示。

图 2-71　扣篮照片原图

图 2-72　动感扣篮照片效果图

✐ **任务分析**

- 利用仿制图章工具制作三个扣篮图像。
- 使用文字工具添加文字。
- 栅格化文字图层,并对文字图层样式进行设置。
- 执行"编辑"→"变换"→"变形"命令,对文字进行变形处理。

✍ **制作流程**

(1) 选择"文件"→"打开"命令,打开素材文件"2-7.jpg"。

(2) 选择仿制图章工具 ,按住 Alt 键在图中选取合适的取样点,设置合适的画笔笔尖大小对扣篮进行图像的仿制,如图 2-73 所示。

图 2-73　对扣篮图像进行仿制 1

(3) 重新设置仿制图章的取样点,重复第(2)步操作过程,完成对扣篮图像的仿制,如图 2-74 所示。

(4) 选择文字工具,输入"飞得更高",并调整字体大小,如图 2-75 所示。

图 2-74　对扣篮图像进行仿制 2

图 2-75　输入"飞得更高"

(5) 设置文字图层样式为渐变叠加、斜面和浮雕,如图 2-76 所示。

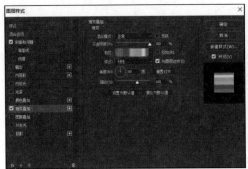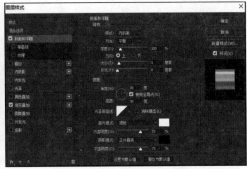

图 2-76　设置文字图层的渐变叠加、斜面和浮雕样式

（6）在图层面板中选中文字层并右击，在弹出的菜单中选择"栅格化文字"命令，将文字层转换成普通图层，如图 2-77 所示。

（7）执行"编辑"→"变换"→"变形"命令，对文字进行变形处理，完成制作，如图 2-72 所示。

演示步骤视频及设计素材

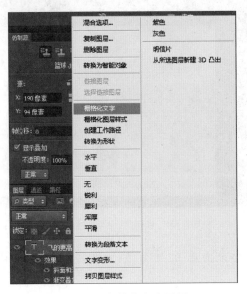

图 2-77　栅格化文字图层

图案图章工具

在 Photoshop 中，图章工具根据其作用方式被分成两个独立的工具：仿制图章工具 ![图标] 和图案图章工具 ![图标] ，它们一起组成了 Photoshop 的一个图章工具组。

1. 仿制图章工具

仿制图章工具 ![图标] 是 Photoshop 工具箱中很重要的一种编辑工具。在实际工作中，仿制图章可以复制图像的一部分或全部，是修补图像时经常要用到的编辑工具。仿制图章工具的选项栏如图 2-78 所示。

图 2-78　仿制图章工具的选项栏

利用仿制图章工具复制图像如图 2-79 所示，首先要按住 Alt 键，利用图章设置好一个取样点，然后放开 Alt 键，反复涂抹就可以复制了。

图 2-79　用仿制图章工具复制图像

2. 图案图章工具

图案图章工具 ![icon] 是用所选择的图案进行复制性质的绘画，可以从图案库中选择图案，也可以自己创建图案。其选项栏如图 2-80 所示。

图 2-80　图案图章工具选项栏

- 图案拾色器：可以从图案库中选择要填充的图案；也可以自定义图案，具体定义方法如下。
  - 在图像中选取预定义的图像区域。
  - 选择"编辑"→"定义图案"命令，在弹出的对话框中输入"图案名称"，单击"确定"按钮。
  - 选择"图案图章工具"并选择自己定义的图案，在图像中拖动鼠标即可复制图案。
- "印象派效果"复选框：勾选此复选框，可对填充的图案应用印象派效果。

2.7　任务：瑕疵照片的修复

任务要求

利用修复工具组中的工具，修复有瑕疵的照片，如图 2-81 和图 2-82 所示。

图 2-81　儿童瑕疵照片原图　　　　　图 2-82　儿童瑕疵照片效果图

任务分析

- 使用修复工具组中的工具去除女孩脸上的痘印。
- 使用修复工具组中的工具去除照片拍摄时间。
- 使用红眼工具去除红眼。

制作流程

（1）选择"文件"→"打开"命令，打开素材文件"2-8.jpg"。

（2）选择修复工具组中的污点修复画笔工具 ，设置合适的画笔直径，在痘印处单击去除痘印；或者使用修复画笔工具同时按住 Alt 键，设置取样点后在图像中单击以去除痘印，如图 2-83 所示。

（3）使用修补工具 ，在图像中拖动以选择想要修复的区域，并在选项栏中选择"源"。将选区边框拖动到想要从中进行取样的区域。松开鼠标，原来选中的区域被使用样本像素进行修补，再配合修复画笔工具将拍照日期去除，如图 2-84 所示。

（4）使用红眼工具 ，在人物的眼睛处单击，将图像中人物的红眼去除，如图 2-85 所示。

（5）设置前景色为♯f0a124，使用文字工具组中的直排文字工具，在图像中输入大小为 78 点的"童眼看世界"，如图 2-86 所示。

（6）双击文字图层打开图层样式对话框，分别设置投影、外发光及斜面和浮雕样式，完成制作。具体设置如图 2-87～图 2-89 所示。

演示步骤视频及设计素材

图 2-83　使用污点修复工具去除痘印

图 2-84　使用修复工具及修复画笔工具去除拍照日期

图 2-85　使用红眼工具去除人物的红眼

图 2-86　输入文字

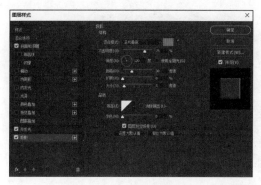

图 2-87　"投影"样式设置

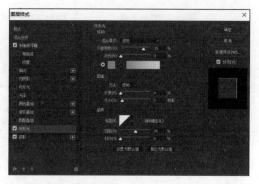

图 2-88　"外发光"样式设置

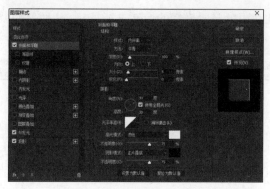

图 2-89　"斜面和浮雕"样式设置

修复工具组

修复工具组包括污点修复画笔工具 ![icon]、修复画笔工具 ![icon]、修补工具 ![icon]、红眼工具 ![icon] 和内容感知移动工具 ![icon]。这些工具有很大的相似性。

1. 污点修复画笔工具

所谓污点修复，也就是把画面上的污点涂抹掉。污点修复画笔工具可以快速移去照片中的污点和其他不理想部分。污点修复画笔的工作方式与修复画笔类似，它使用图像或图案中的样本像素进行绘画，并将样本像素的纹理、光照、透明度和阴影与所修复的像素相匹配。与修复画笔不同，不要求用户指定样本点。污点修复画笔将自动从所修饰区域的周围取样。其选项栏如图 2-90 所示。

图 2-90　污点修复画笔工具选项栏

使用污点修复画笔移去污点，如图 2-91 所示。

2. 修复画笔工具

修复画笔工具可用于校正瑕疵，使它们消失在周围的图像中。与仿制工具一样，使用修复画笔工具可以利用图像或图案中的样本像素来绘画。但是，修复画笔工具还可将样本像

图 2-91　使用污点修复画笔移去污点

素的纹理、光照、透明度和阴影与所修复的像素进行匹配,从而使修复后的像素不留痕迹地融入图像的其余部分。其选项栏如图 2-92 所示。

图 2-92　修复画笔工具选项栏

　　修复画笔工具可以有两种取样方式,一种是选择图案,利用该图案对画面进行修复,如图 2-93 所示。另一种是在图片上取样,选择修复画笔工具,同时按住 Alt 键,在图片的某一个地方单击取样,然后再在污点上单击,利用把刚才取样区域的内容来修复当前这个污点,如图 2-94 所示。

图 2-93　利用图案对画面进行修复

图 2-94　利用取样对画面进行修复

3. 修补工具

通过使用修补工具，可以用其他区域或图案中的像素来修复选中的区域。像修复画笔工具一样，修补工具会将样本像素的纹理、光照和阴影与源像素进行匹配。另外，还可以使用修补工具来仿制图像的隔离区域。修补工具可处理 8 位/通道或 16 位/通道的图像。其选项栏如图 2-95 所示。

图 2-95　修补工具选项栏

修补前后的图像对比如图 2-96 所示。

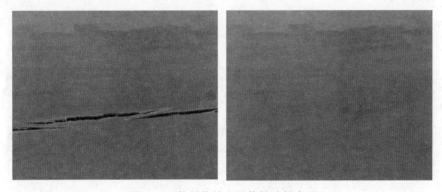

图 2-96　使用修补工具修补破损桌面

4. 红眼工具

在拍照过程中，闪光灯的反光有时候会造成人眼变红。红眼工具主要就是针对红眼的修复，实际上它是将照片中的红色部分自动识别，然后将红色变淡。选择红眼工具，在照片的红眼部分拖曳出一个矩形选框，红眼就被自动去除了。可以设置的参数有瞳孔大小和变暗量，如图 2-97 所示。

图 2-97　使用红眼工具

5. 内容感知移动工具

利用 Photoshop 的内容感知移动工具可以简单到只需选择图像场景中的某个物体，然后将其移动到图像中的任何位置，经过 Photoshop 的计算，完成极其真实的 PS 合成效果，如图 2-98 所示。

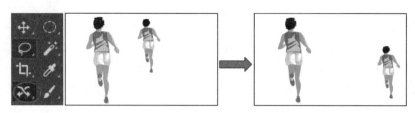

图 2-98　内容感知移动工具

2.8　任务：百变换装秀

任务要求

利用"亮度/对比度""色相/饱和度"命令，完成百变换装秀如图 2-99 和图 2-100 所示。

图 2-99　原图

图 2-100　效果图

任务分析

- 使用"亮度/对比度"命令调整曝光不足的图片，使图片更加明亮。
- 使用"色相/饱和度"命令改变衣服颜色。

制作流程

（1）打开素材图"2-9.jpg"，如图 2-99 所示。

（2）执行"图像"→"调整"→"亮度/对比度"命令，如图 2-101 所示。

（3）在弹出的对话框中调整"亮度"参数，如图 2-102 所示，按照图片的需求进行亮度的提高处理，效果如图 2-103 所示。

（4）执行"图像"→"调整"→"色相/饱和度"命令，弹出"色相/饱和度"对话框，如图 2-104 和图 2-105 所示。

（5）将右侧人物的衣服由绿色改为紫红色。在"颜色"下拉列表中选择要调整的颜色，此处为"绿色"，如图 2-106 所示。

（6）调整色相值为－103，改变衣服基本颜色，如图 2-107 所示，效果如图 2-108 所示。

（7）向左拖动下方颜色条最左侧的颜色滑块，如图 2-109 所示，用以扩大颜色调整范围。按照同样方法，再向左拖动颜色条左侧第

演示步骤视频及设计素材

二个颜色滑块,如图 2-110 所示。

（8）完成调整后,单击"确定"按钮退出对话框,得到最终效果如图 2-100 所示。

图 2-101　选择"亮度/对比度"命令

图 2-102　调整"亮度"参数

图 2-103　处理效果

图 2-104　选择"色相/饱和度"命令

图 2-105　"色相/饱和度"对话框

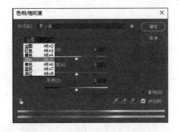

图 2-106　选择"绿色"选项

图 2-107　调整"色相"参数

图 2-108　变色效果

图 2-109　拖动滑块

图 2-110　拖动第二个滑块

2.8.1 "亮度/对比度"命令

执行"图像"→"调整"→"亮度/对比度"命令,可以对图像进行全局调整。此命令属于粗略式调整命令,其操作方法不够精细,因此不能作为调整颜色的第一手段。

执行"图像"→"调整"→"亮度/对比度"命令,弹出如图 2-111 所示对话框。

图 2-111 "亮度/对比度"对话框

对话框中的主要参数释义如下。

- 亮度:用于调整图像的亮度。当数值为正时,增加图像的亮度;当数值为负时,降低图像的亮度。
- 对比度:用于调整图像的对比度。当数值为正时,增加图像的对比度;当数值为负时,降低图像的对比度。
- 使用旧版:选中此复选框,可以使用早期版本的"亮度/对比度"命令来调整图像。而默认情况下,则使用新版的功能进行调整。在调整图像时,新版命令将仅对图像的亮度进行调整,而色彩的对比度保持不变。
- 自动:在 Photoshop 中,单击此按钮,即可自动针对当前的图像进行亮度及对比度的调整。

2.8.2 "色相/饱和度"命令

执行"色相/饱和度"命令,可以调整整体图像或者选区中图像的色相、饱和度以及明度。此命令的特点在于可以根据需要调整某一个色调范围内的颜色。

执行"图像"→"调整"→"色相/饱和度"命令,弹出如图 2-112 所示的"色相/饱和度"对话框。

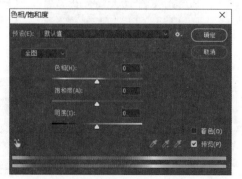

图 2-112 "色相/饱和度"对话框

在对话框顶部的下拉列表中选择"全图"选项,可以同时调整图像中的所有颜色,或者选择某一颜色成分(如红色、绿色等)单独进行调整。

另外,也可以使用位于"色相/饱和度"对话框底部的吸管工具 🖋 在图像中吸取颜色并修改颜色范围。使用添加到取样工具 🖋 可以扩大颜色范围;使用从取样中减去工具 🖋 可以缩小颜色范围。

提示:在选择吸管工具 🖋 时,按住 Shift 键可扩大颜色范围,按住 Alt 键可缩小颜色范围。

对话框中的主要参数释义如下。

色相:可以调整图像的色调。无论是向左还是向右拖动滑块,都可以得到新的色相。

饱和度:可以调整图像的饱和度。向右拖动滑块可以增加饱和度,向左拖动滑块可以降低饱和度。

明度:可以调整图像的亮度。向右拖动滑块可以增加亮度,向左拖动滑块可以降低亮度。

颜色条:在对话框的底部显示了两个颜色条,代表颜色在色轮中的次序及选择范围。上面的颜色条显示调整前的颜色,下面的颜色条显示调整后的颜色。

着色:用于将当前图像转换为某一种色调的单色调图像。

🖐:单击此按钮,然后在图像中单击某一种颜色,并在图像中向左或向右拖动,可以减少或增加包含所单击位置处像素颜色范围的饱和度;如果在执行此操作时按住 Ctrl 键,则左右拖动可以改变相对应颜色区域的色相。

思考与实训

一、填空题

1. 套索工具组包括_____、_____和_____。

2. 绘制圆形选区时,先选择椭圆选框工具,在按住_____键的同时,拖动鼠标,就可以实现圆形选区的创建。

3. 选框工具组包括:_____选框工具、_____选框工具、_____选框工具和_____选框工具。

4. 若要对图像进行自由变换,可以先选择_____菜单,再选择"自由变换"命令。

5. 渐变工具共有_____、_____、_____及_____5 种渐变类型。

6. 仿制图章工具在使用前先取样,按住_____键不放,在取样处单击,即可取样。

7. 对于夜晚用闪光灯拍摄人物时,人物眼睛产生的红眼现象可以用_____工具修复。

二、简答题

1. 简述仿制图章工具和修复画笔工具的相同点和不同点。

2. 简述磁性套索工具和魔棒工具的不同之处。

三、上机实训

1. 利用 Photoshop 中的操控变形功能,完成如图 2-113 所示效果图。

提示:先利用操控变形功能对人物进行变形操作,再复制图层完成效果图的制作。

图 2-113　人物变形原图及效果图

2. 利用修复工具组对老照片进行修复,如图 2-114 所示。

图 2-114　老照片修复原图及效果图

图像合成

3.1 任务：共赴冰雪之约

任务要求

利用本书提供的素材背景图片、雪花、运动员、天坛、纸飞机等 PNG 文件，如图 3-1 所示，完成如图 3-2 所示的共赴冰雪之约的效果图制作。

图 3-1　共赴冰雪之约素材

图 3-2　共赴冰雪之约效果图

任务分析

- 利用图层蒙版将天坛融合到背景图像中。
- 利用变形功能完成素材的大小与位置调整。
- 利用文字工具添加文字图层,并对文字添加图层样式,使文字有不同的层次感。

制作流程

（1）选择"文件"→"新建"命令,打开如图 3-3 所示的"预设"对话框,设置相应的参数后单击"创建"按钮。

（2）打开"背景.jpg"素材图像,使用移动工具将图像移至"共赴冰雪之约"窗口中,调整图像至合适的位置。

（3）打开"天坛.psd"素材图像,使用移动工具将图像移至"共赴冰雪之约"窗口中,调整图像至合适的位置。

（4）选定"天坛"图层,单击"添加图层蒙版",为图层添加一个白色图层蒙版,设置前景色为黑色,单击"画笔"工具,参数设置如图 3-4 所示,使用画笔工具在白色区域涂抹,使"天坛"图像融合到背景图层中,效果图如图 3-5 所示。

（5）打开"雪花.psd"素材图像,使用移动工具将图像移至"共赴冰雪之约"窗口中,并移至合适的位置,按 Alt 键复制雪花图层,选定图层,按 Ctrl＋T 快捷键水平翻转图像。

（6）打开"运动员.psd"素材图像,使用移动工具将图像移至"共赴冰雪之约"窗口中,按 Ctrl＋T 快捷键调整图像的大小,并移至合适的位置,效果图如图 3-6 所示。

图 3-3　"预设"对话框

（7）选中文字工具,设置前景色为＃ffffff,设置字体为 Adobe 黑体 Std,字号 48,加粗,输入"共赴冰雪之约";给文字添加图层样式"斜面和浮雕"和"投影"效果,参数设置如图 3-7 和图 3-8 所示。

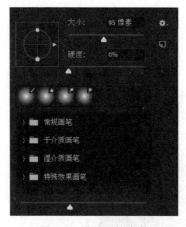

图 3-4　设置画笔参数

图 3-5　天坛效果图

图 3-6　添加运动员效果图

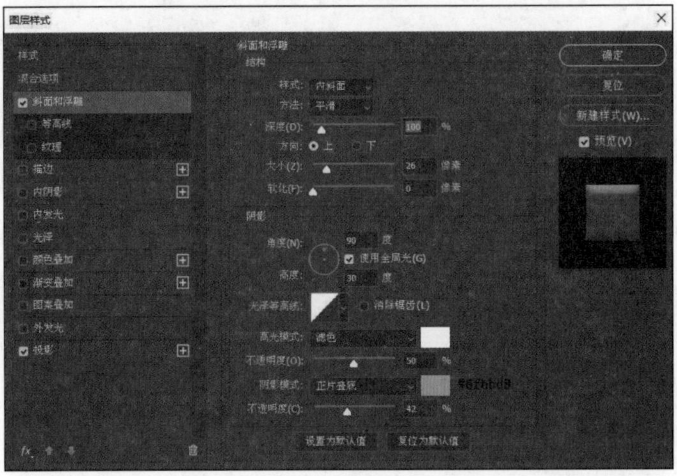

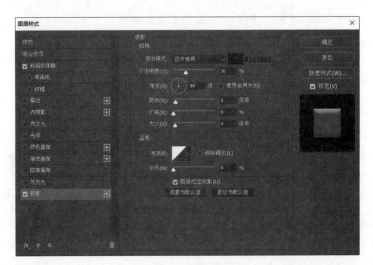

图 3-7　"斜面和浮雕"参数设置

图 3-8　"投影"参数设置

（8）选中文字工具，设置前景色为♯f5f3c4，字体为黑体，字号16，输入"一起向未来"，调整至合适的位置。

（9）选择多边形工具，设置填充颜色为♯f7f6cc，无描边，设置边为3，绘制一小三角形；按 Alt 键复制小三角，改变填充颜色为♯d5e1d0，再次按 Alt 键复制小三角，改变填充颜色为♯b0cdd3，调整至合适的位置；选中三个小三角，按 Alt 键复制并移至合适的位置，按 Ctrl＋T 快捷键水平翻转图像，效果图如图 3-9 所示。

演示步骤视频及设计素材

图 3-9　添加小三角效果图

（10）打开"纸飞机.psd"素材图像，使用移动工具将图像移至"共赴冰雪之约"窗口中，并移至合适的位置，完成效果图的制作，如图 3-2 所示。

3.1.1　图层基础知识

1. 图层概念

使用图层可以在不影响整个图像中大部分元素的情况下处理其中一个元素。我们可以把图层想象成是一张一张叠起来的透明胶片，每张透明胶片上都有不同的画面，改变图层的顺序和属性可以改变图像的最后效果。通过对图层的操作，使用它的特殊功能可以创建很多复杂的图像效果。

2. 图层面板

图层面板上显示了图像中的所有图层、图层组和图层效果，我们可以使用图层面板上的各种功能来完成一些图像编辑任务，例如创建、隐藏、复制和删除图层等。还可以使用图层模式改变图层上图像的效果，如添加阴影、外发光、浮雕等。图层面板如图 3-10 所示。单击向右的菜单就可以看到它的功能，包括：混合选项、复制图层、删除图层、栅格化图层等功能。

3. 图层类型

1）背景图层

每次新建一个 Photoshop 文件时图层会自动建立一个背景图层（使用白色背景或彩色

图 3-10　图层面板

背景创建新图像时），这个图层是被锁定的，并位于图层的最底层。我们是无法改变背景图层的排列顺序的，同时也不能修改它的不透明度或混合模式。如果按照透明背景方式建立新文件时，图像就没有背景图层，最下面的图层不会受到功能上的限制。如果不愿意使用Photoshop 强加的受限制背景图层，则也可以将它转换成普通图层让它不再受到限制，如图 3-11 所示。具体方法是在图层面板中双击背景图层，打开新图层对话框，然后根据需要设置图层选项，单击"确定"按钮后再看看图层面板上的背景图层已经转换成普通图层了。

图 3-11　背景图层转换为普通图层

2）创建普通图层

普通图层是 Photoshop 中最基本的图层类型，对图像的操作基本上都可以在普通图层上进行。普通图层包含图像信息，图像信息以外的部分为透明区域，显示为灰色方格，可以显示下一层的内容。

3）创建文字图层

文字图层是使用横排或直排文字工具添加文字时自动创建的一种图层。当对输入的文字进行变形后，文字图层将显示为变形文字图层。

文字图层可以进行移动、堆叠、复制等操作，但大多数编辑命令和工具都无法正常使用，必须将文字图层栅格化，将文字图层转换为普通图层后才能使用。

4）图层组

设计制作过程中有时候用到的图层数会很多，会导致即使关闭缩览图，图层调板也会拉得很长，查找图层很不方便，为了解决这个问题，Photoshop 提供了图层组功能。

图层组可以帮助组织和管理图层,使用图层组可以很容易地将图层作为一组移动,或对图层组应用属性和蒙版以及减少图层调板中的混乱,创建方法为同时选定需要在同一组的图层,单击右下角的"创建新组"按钮。

3.1.2 图层的基础操作

1. 图层层次

图像中的各个图层间彼此是有层次关系的,位于图层调板下方的图层层次是较低的,越往上层次越高。就好像从桌子上渐渐往上堆叠起来的一样。位于较高层次的图像内容会遮挡较低层次的图像内容。

改变图层层次的方法是在图层调板中按住层拖动到上方或下方。拖动过程可以一次跨越多个图层。也可以先选中图层,再使用"图层"→"排列"中的各个命令以及相应的快捷键来改变图层层次,如图 3-12 所示。

图 3-12 图层层次

2. 图层链接

如果想在 Photoshop 中将多个图层一起移动又不改变相对位置,就要用到图层链接功能。链接图层的方法是选中需要链接的多个图层,单击左下角的链接图层按钮 。

3. 图层对齐

如何将两个图层排列在一条水平线上呢?这就需要用到图层对齐功能。图层对齐的方法是选中需要对齐的多个图层,右击被选中的图层,从快捷菜单中选择"水平""垂直"对齐。或者先把需要对齐的图层链接,选择移动工具,调出对齐属性设置,如图 3-13 所示。

图 3-13 图层对齐

4. 图层合并

虽然将图像分层制作较为方便,但某些时候可能需要合并一些图层,就是把几个图层变为一个。合并图层的方法有多种。

向下合并是指把目前所选择的图层,与在它之下的一层进行合并。进行合并的层都必须处在显示状态。向下合并以后的图层名称和颜色标记沿用原先位于下方的图层。合并可见图层是把目前所有处在显示状态的图层合并,在隐藏状态的图层则不作变动。拼合图层是将所有的层合并为背景层,如果有图层隐藏则在拼合的时候会出现如图 3-14 所示的警告框。如果单击"确定"按钮,则原先处在隐藏状态的层都将被丢弃。

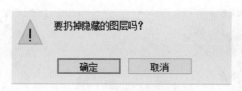

图 3-14　拼合图层

5. 图层锁定

为防止误操作，Photoshop 提供了五种图层锁定方式，如图 3-15 所示。自左至右依次为锁定透明像素、锁定图像像素、锁定位置、防止在画板内外自动嵌套、锁定全部。锁定透明像素是保持图层中像

图 3-15　图层锁定

素的面积不变，打开后绘图工具无法在该层的透明区域内绘画，即使经过透明区域也不会留下笔迹。锁定图像像素是指无法修改层中的像素，即禁止了对图层图像的绘制或者修改。锁定位置是防止图层的像素被移动。防止在画板内外自动嵌套是指在文档中包含多个画板时，锁定该选项可以避免图层被移动到其他画板中。锁定全部即不能对图层进行任何操作。

6. 图层透明度

图层除了可以改变位置和层次以外，还可以设定各自的不透明度，这也是很多视觉特效的实现方法之一。当不透明度为 100% 的时候，代表本层图像完全不透明，图像看上去非常饱和、实在。当不透明度下降的时候，图像也随着变淡。如果把不透明度设为 0%，就相当于隐藏了这个图层。层的不透明度虽然只对本层有效，但会影响到本层与其他图层的显示效果。

3.2　任务：奋发中国龙

任务要求

利用所提供的背景素材、中国龙、闲章等文件，如图 3-16 所示，完成如图 3-17 所示的奋发中国龙的制作。

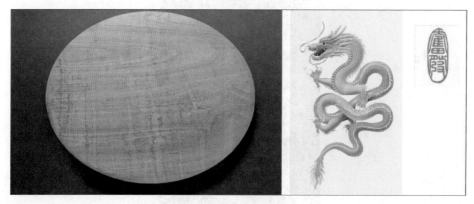

图 3-16　奋发中国龙素材

图 3-17 "奋发中国龙"效果图

任务分析

- 会利用椭圆工具绘制固定大小的椭圆。
- 会为图层添加"斜面与浮雕""内阴影""描边""光泽"等多种图层样式。
- 会利用"拷贝图层样式"和"粘贴图层样式"命令复制图层样式。

制作流程

（1）选择"文件"→"新建"命令，打开如图 3-18 所示的"预设"对话框，设置相应参数后单击"创建"按钮。

图 3-18 "预设"对话框

（2）打开素材"背景.jpg"，利用移动工具将素材移至"奋发中国龙"窗口中，调整至合适的大小和位置。

（3）选择椭圆工具，设置背景色为♯700000，无描边，绘制一椭圆，大小为 1020×810px，调整至合适的位置，填充设为 0%。

（4）选定图层，给椭圆添加图层样式"斜面和浮雕"和"描边"效果，参数设置如图 3-19和图 3-20 所示。

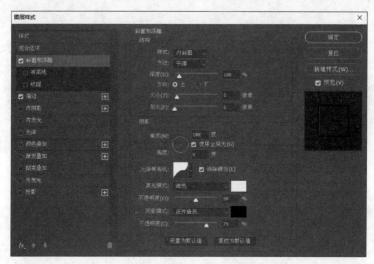

图 3-19 "斜面和浮雕"参数设置 1

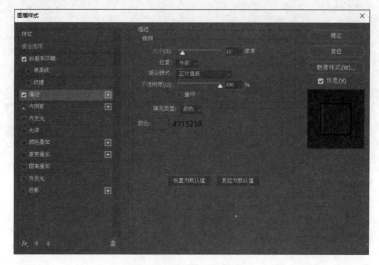

图 3-20 "描边"参数设置

（5）打开素材"中国龙.jpg"，利用移动工具将素材移至"奋发中国龙"窗口中，调整至合适的大小和位置，利用魔棒工具去除白色背景，并将填充设为 0。

（6）选定图层，为中国龙添加图层样式"斜面和浮雕"效果，参数设置如图 3-21 所示。

（7）添加图层样式"纹理"效果，追加填充纹理 2，选择合适的纹理图案，参数设置如图 3-22所示。

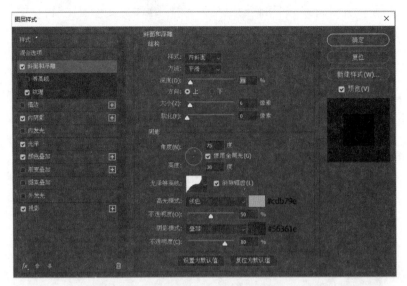

图 3-21　"斜面和浮雕"参数设置 2

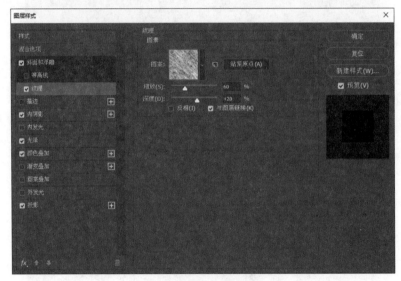

图 3-22　"纹理"参数设置

（8）添加图层样式"内阴影"效果，参数设置如图 3-23 所示。

（9）添加图层样式"光泽"效果，参数设置如图 3-24 所示。

（10）添加图层样式"颜色叠加"效果，参数设置如图 3-25 所示。

（11）添加图层样式"投影"效果，参数设置如图 3-26 所示。

（12）打开素材"闲章.jpg"，利用移动工具将素材移至"奋发中国龙"窗口中，调整至合适的大小和位置，利用魔棒工具选择白色背景，按 Delete 键去除白色背景，取消选区。

（13）选定"中国龙"图层，右击拷贝图层样式，选定"闲章"图层，右击粘贴图层样式，完成效果图的制作，如图 3-17 所示。

演示步骤视频及设计素材

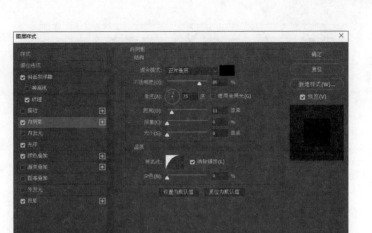

图 3-23　"内阴影"参数设置

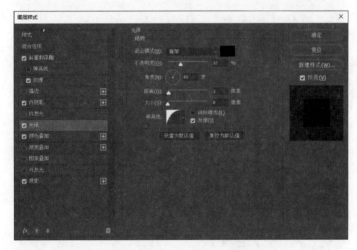

图 3-24　"光泽"参数设置

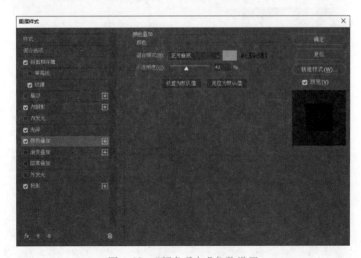

图 3-25　"颜色叠加"参数设置

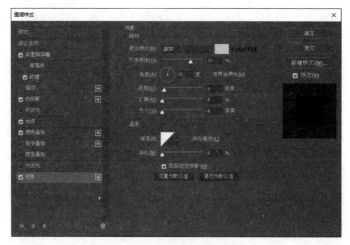

图 3-26 "投影"参数设置

3.3 任务：化妆品广告设计

任务要求

利用所提供的素材化妆品、美女、花朵、水柱等 PNG 文件，如图 3-27 所示，完成如图 3-28 所示的化妆品广告的效果图制作。

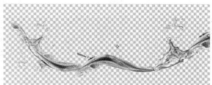

图 3-27 化妆品广告素材

图 3-28 化妆品广告效果图

任务分析

- 利用渐变工具填充背景色。
- 利用图层蒙版和图层混合模式将花朵、化妆品融合到背景图像中。
- 利用文字工具添加文字图层，并对文字添加图层样式，使文字有不同的层次感。

制作流程

（1）选择"文件"→"新建"命令，打开如图 3-29 所示的"预设"对话框，设置相应参数后单击"创建"按钮。

图 3-29　"预设"对话框

（2）设置前景色为＃fad5e4，背景色为＃f0a5c4，选择渐变工具，线性渐变，从上到下线性填充，如图 3-30 所示。

图 3-30　"线性渐变"效果图

（3）打开"花朵.jpg"素材图像，使用移动工具将图像移至"化妆品广告制作"窗口中，调整图像至合适的位置。

（4）选定"花朵"图层，单击"添加图层蒙版"，为图层添加一个白色图层蒙版，设置前景色为黑色，单击"画笔"工具，参数设置如图 3-31 所示，使用画笔工具在白色区域涂抹，使"花朵"图像融合到背景图层中，设置花朵图层的混合模式为"叠加"，效果图及图层如图 3-32 所示。

图 3-31　设置画笔参数

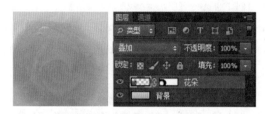

图 3-32　花朵效果图及图层

（5）打开"水柱.psd"素材图像,选定图层 1、图层 2、图层 3,右击,转换为智能对象,使用移动工具将图像移至"化妆品广告制作"窗口中,并移至合适的位置,修改不透明度为 40％。

（6）打开"化妆品.jpg"素材图像,使用移动工具将图像移至"化妆品广告制作"窗口中,按 Ctrl＋T 快捷键调整图像的大小,并移至合适的位置。

（7）选定"化妆品"图层,设置图层的混合模式为"正片叠底",单击"添加图层蒙版",添加一个白色图层蒙版,设置前景色为黑色,单击"画笔"工具,使用相同的方法设置画笔参数,使"化妆品"图像融合到背景图层中,化妆品效果图及图层如图 3-33 所示。

图 3-33　化妆品效果图及图层

（8）打开"美女.psd"素材图像,使用移动工具将图像移至"化妆品广告制作"窗口中,按 Ctrl＋T 快捷键调整图像的大小,并移至合适的位置。

（9）选中文字工具,设置前景色为＃c72534,设置字体为方正兰亭中黑,字号为 32,输入"BEAUTY",选定文字,调整字符面板中的水平缩放参数为 100％;给文字添加图层样式"描边"和"外发光"效果,参数设置如图 3-34 和图 3-35 所示。

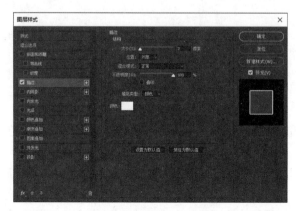

图 3-34　"描边"参数设置

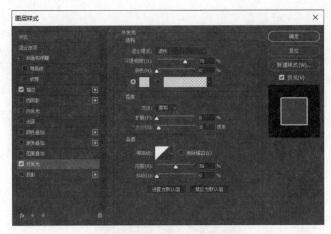

图 3-35　"外发光"参数设置

　　(10) 选中文字工具,设置字体为方正兰亭中黑,字号为 38,输入"美思润",选定文字,调整字符面板中的水平缩放参数为 100%;选定"BEAUTY"图层,右击,拷贝图层样式,选定"美思润"图层,右击,粘贴图层样式,效果图及文字图层如图 3-36 所示。

图 3-36　文字效果及文字图层设置

　　(11) 选中文字工具,设置前景色为白色,设置字体为方正兰亭中黑,字号为 50,输入"滋养肌肤,润出光彩",给文字添加图层样式"描边"效果,大小为 1 像素,位置外部,设置颜色为♯e64052,参数设置如图 3-37 所示。使用相同的方法添加"外发光"效果。

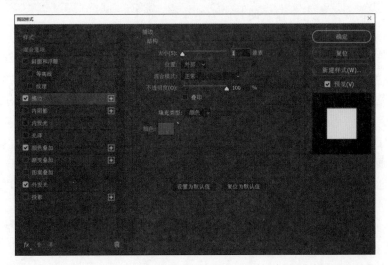

图 3-37　"描边"参数设置

（12）选中文字工具，设置前景色为♯bb1b8d，设置字体为华文行楷，字号为32，输入"美丽，源自天然"，调整文字至合适的位置。

（13）选中文字工具，设置前景色为♯23101d，设置字体为华文行楷，字号为26，输入"缔造由内而外晶透、润泽的肌肤"，选中文字工具，设置字体为华文行楷，字号为18，输入"自然透露明亮神采，再现光洁肌肤"，调整文字至合适的位置，完成效果图的制作，图层效果如图 3-38 所示。

演示步骤视频及设计素材

图 3-38　效果图图层

3.3.1　图层的混合模式

Photoshop 中图层混合模式如图 3-39 所示。各图层常用混合模式含义如下。

- 正常：编辑或绘制每个像素使其成为结果色（默认模式）。
- 溶解：编辑或绘制每个像素使其成为结果色。但根据像素位置的不透明度，结果色由基色或混合色的像素随机替换。
- 变暗：查看每个通道中的颜色信息选择基色或混合色中较暗的作为结果色，其中比混合色亮的像素被替换。
- 正片叠底：查看每个通道中的颜色信息并将基色与混合色复合，结果色是较暗的颜色。任何颜色与黑色混合产生黑色，与白色混合保持不变。用黑色或白色以外的颜色绘画时，绘画工具绘制的连续描边产生逐渐变暗的颜色。
- 颜色加深：查看每个通道中的颜色信息，通过增加对比度使基色变暗以反映混合色，与黑色混合后不产生变化。
- 线性加深：查看每个通道中的颜色信息，通过减小亮度使基色变暗以反映混合色。
- 变亮：查看每个通道中的颜色信息，选择基色或混合色中较亮的颜色作为结果色。比混合色暗的像素被替换，比混合色亮的像素保持不变。

■ 滤色：查看每个通道的颜色信息，将混合色的互补色与
基色混合。结果色总是较亮的颜色，用黑色过滤时颜
色保持不变，用白色过滤将产生白色。此效果类似于
多个摄影幻灯片在彼此之上投影。

■ 颜色减淡：查看每个通道中的颜色信息，并通过减小对
比度使基色变亮以反映混合色，与黑色混合则不发生
变化。

■ 线性减淡（添加）：查看每个通道中的颜色信息，并通过
增加亮度使基色变亮以反映混合色，与黑色混合则不
发生变化。

■ 叠加：复合或过滤颜色具体取决于基色。图案或颜色
在现有像素上叠加，同时保留基色的明暗对比，不替换
基色，但基色与混合色相混以反映原色的亮度或暗度。

■ 柔光：使颜色变亮或变暗具体取决于混合色，此效果与
发散的聚光灯照在图像上相似。如果混合色（光源）比
50％灰色亮则图像变亮，就像被减淡了一样。如果混
合色（光源）比 50％灰色暗则图像变暗，就像加深了。
用纯黑色或纯白色绘画会产生明显较暗或较亮的区
域，但不会产生纯黑色或纯白色。

图 3-39　图层混合模式

■ 强光：复合或过滤颜色具体取决于混合色，效果与耀眼
的聚光灯照在图像上相似。如果混合色（光源）比 50％
灰色亮，则图像变亮，就像过滤后的效果。如果混合色（光源）比 50％灰色暗，则图像
变暗，就像复合后的效果。用纯黑色或纯白色绘画会产生纯黑色或纯白色。

■ 亮光：通过增加或减小对比度来加深或减淡颜色，具体取决于混合色。如果混合色
（光源）比 50％灰色亮，则通过减小对比度使图像变亮。如果混合色比 50％灰色暗，
则通过增加对比度使图像变暗。

■ 线性光：通过减小或增加亮度来加深或减淡颜色，具体取决于混合色。如果混合色
（光源）比 50％灰色亮，则通过增加亮度使图像变亮。如果混合色比 50％灰色暗，则
通过减小亮度使图像变暗。

■ 点光：替换颜色具体取决于混合色。如果混合色（光源）比 50％灰色亮，则替换比混
合色暗的像素，而不改变比混合色亮的像素。如果混合色比 50％灰色暗，则替换比
混合色亮的像素，而不改变比混合色暗的像素。这对于向图像添加特殊效果非常
有用。

■ 差值：查看每个通道中的颜色信息，并从基色中减去混合色，或从混合色中减去基
色，具体取决于哪一个颜色的亮度值更大。与白色混合将反转基色值；与黑色混合
则不产生变化。

■ 排除：创建一种与"差值"模式相似但对比度更低的效果。与白色混合将反转基色
值，与黑色混合则不发生变化。

■ 色相：用基色的亮度和饱和度以及混合色的色相创建结果色。

- 饱和度:用基色的亮度和色相以及混合色的饱和度创建结果色。在无[0]饱和度(灰色)的区域上用此模式绘画不会产生变化。
- 颜色:用基色的亮度以及混合色的色相和饱和度创建结果色,这样可以保留图像中的灰阶,这对于给单色图像上色和给彩色图像着色都会非常有用。
- 明度:用基色的色相和饱和度以及混合色的亮度创建结果色。此模式创建与"颜色"模式相反的效果。

3.3.2　图层样式

利用 Photoshop 图层样式功能,可以简单快捷地制作出各种立体投影,各种质感以及光景效果的图像特效,如图 3-40 所示。常用的图层样式功能如下。

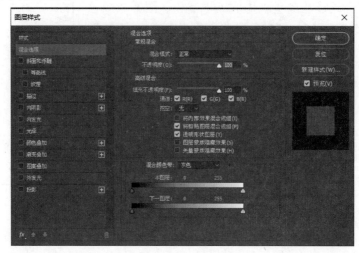

图 3-40　图层样式

- 投影:将为图层上的对象、文本或形状后面添加阴影效果。投影参数由"混合模式""不透明度""角度""距离""扩展"和"大小"等各种选项组成,通过对这些选项的设置可以得到需要的效果。
- 内阴影:将在对象、文本或形状的内边缘添加阴影,让图层产生一种凹陷外观,内阴影效果对文本对象效果更佳。
- 外发光:将从图层对象、文本或形状的边缘向外添加发光效果。设施参数可以让对象、文本或形状更精美。
- 内发光:将从图层对象、文本或形状的边缘向内添加发光效果。
- 斜面和浮雕:"样式"下拉菜单将为图层添加高亮显示和阴影的各种组合效果。"斜面和浮雕"对话框样式参数解释如下。
  - 外斜面:沿对象、文本或形状的外边缘创建三维斜面。
  - 内斜面:沿对象、文本或形状的内边缘创建三维斜面。
  - 浮雕效果:创建外斜面和内斜面的组合效果。
  - 枕状浮雕:创建内斜面的反相效果,其中对象、文本或形状看起来下沉。
  - 描边浮雕:只适用于描边对象,即在应用描边浮雕效果时才打开描边效果。

- 光泽：将对图层对象内部应用阴影，与对象的形状互相作用。通常用于规则的波浪形状，使其产生光滑的磨光及金属效果。
- 颜色叠加：将在图层对象上叠加一种颜色，即用一层纯色填充到应用样式的对象上。
- 渐变叠加：将在图层对象上叠加一种渐变颜色，即用一层渐变颜色填充到应用样式的对象上。通过"渐变编辑器"还可以选择使用其他的渐变颜色。
- 图案叠加：将在图层对象上叠加图案，即用一致的重复图案填充对象。从"图案拾色器"中还可以选择其他的图案。
- 描边：使用颜色、渐变颜色或图案描绘当前图层上的对象、文本或形状的轮廓，对于边缘清晰的形状（如文本），这种效果尤其有用。

3.3.3　图层蒙版

图层蒙版可以理解为在当前图层上面覆盖一层玻璃片，这种玻璃片有：透明的、半透明的、完全不透明的。然后用各种绘图工具在蒙版上（即玻璃片上）涂色（只能涂黑、白、灰色），涂黑色的地方蒙版变为透明的，看不见当前图层的图像。涂白色则使涂色部分变为不透明，可看到当前图层上的图像。涂灰色使蒙版变为半透明，透明的程度由涂色的灰度深浅决定，图层蒙版是 Photoshop 中一项十分重要的功能。

1. 蒙版特点。

（1）蒙版是一种特殊的选区，但它的目的并不是对选区进行操作，相反，而是要保护选区的不被操作。同时，不处于蒙版范围的地方则可以进行编辑与处理。

（2）蒙版虽然是一种选区，但它与常规的选区颇为不同。常规的选区表现了一种操作趋向，即将对所选区域进行处理；而蒙版却相反，它是对所选区域进行保护，让其免于操作，而对非掩盖的地方应用操作。

2. 蒙版分类

Photoshop 中蒙版分两类：一是图层蒙版；二是矢量蒙版。

1）图层蒙版

图层蒙版创建方法是直接在图层面板下方单击"图层蒙版"按钮即可新建图层蒙版，如图 3-41 所示。单击"图层蒙版缩览图"将它激活，然后选择任一编辑或绘画工具可以在蒙版上进行编辑。将蒙版涂成白色可以从蒙版中减去并显示图层，将蒙版涂成灰色可以看到部分图层，将蒙版涂成黑色可以向蒙版中添加并隐藏图层。

2）矢量蒙版

矢量蒙版与分辨率无关，由钢笔或形状工具创建在图层面板中，如图 3-42 所示。矢量蒙版可在图层上创建锐边形状，若需要添加边缘清晰分明的图像就可以使用矢量蒙版。创建了矢量蒙版图层之后，还可以应用一个或多个图层样式。先选中一个需要添加矢量蒙版的图层，使用形状或钢笔工具绘制工作路径，然后选择"图层"菜单下"添加矢量蒙版"

图 3-41　图层蒙版图

中的"当前路径"命令即可创建矢量蒙版。也可以选择"图层"菜单下的命令编辑、删除矢量蒙版。若想将矢量蒙版转换为图层蒙版,可以先选择要转换的矢量蒙版所在的图层,然后选择"图层"菜单下"栅格化"中的"矢量蒙版"命令即可转换。

图 3-42　矢量蒙版图

3.4　任务：浪漫婚纱季

任务要求

利用所提供的婚纱素材文件,如图 3-43 所示,完成如图 3-44 所示的浪漫婚纱季的效果图制作。

图 3-43　浪漫婚纱季素材

图 3-44　浪漫婚纱季效果图

任务分析

- 利用渐变工具填充背景色。
- 利用通道面板抠取半透明婚纱。
- 利用形状工具和直排文字工具添加形状和文字效果。

制作流程

（1）选择"文件"→"新建"命令，打开如图 3-45 所示的"预设"对话框，设置相应参数后单击"创建"按钮。

（2）设置前景色为＃ebb082，背景色为＃fef8f4，选择渐变工具，线性渐变，从左到右线性填充，效果图如图 3-46 所示。

图 3-45　"预设"对话框　　　　　　　图 3-46　渐变填充效果图

（3）打开"婚纱 1.jpg"素材图像，将背景图层解锁，使用魔棒工具抠取图像，利用移动工具将图像移至"浪漫婚纱季"窗口中，调整图像至合适的大小和位置。

（4）打开"婚纱 2.jpg"素材，按 Ctrl＋J 快捷键复制背景图层。

（5）选择钢笔工具，沿着人物轮廓绘制路径，注意绘制的路径不包括半透明的婚纱部分；选择添加锚点工具，局部调整路径，如图 3-47 所示。

（6）按 Ctrl＋Enter 快捷键，将路径转换为选区，选择通道面板，单击将选区存储为通道，创建 Alpha 1 通道，此时选区自动填充为白色，如图 3-48 所示。

（7）查看红、绿、蓝通道，复制黑白对比最鲜明的红通道，选择红副本通道，选择钢笔工具，利用钢笔工具绘制婚纱轮廓，按 Ctrl＋Enter 快捷键，将路径转换为选区，按 Shift＋Alt＋I 快捷键反选，如图 3-49 所示。

图 3-47 绘制路径

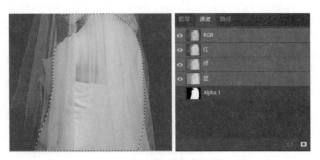

图 3-48 新建通道

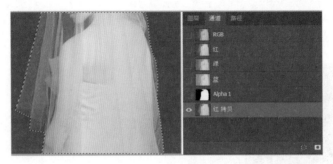

图 3-49 为背景创建选区

　　(8) 设置前景色为黑色,按 Alt＋Delete 快捷键将选区填充为黑色,按 Ctrl＋D 快捷键取消选区。

　　(9) 选择"图像"→"计算"命令,打开"计算"对话框,将源 1 通道设置为 Alpha 1,混合模式设为相加,单击"确定"按钮,得到 Alpha 2 通道,如图 3-50 所示。

　　(10) 再次打开"计算"对话框,将混合模式设为叠加,单击"确定"按钮,得到 Alpha 3 通道,如图 3-51 所示。

图 3-50 计算通道 1

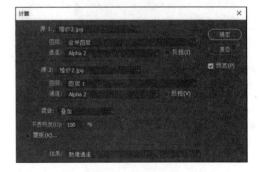

图 3-51 计算通道 2

　　(11) 在通道面板底部单击将通道转化为选区,切换到图层面板,选择图层 1,按 Ctrl＋J 快捷键复制选区到图层 2,关闭图层 1 和背景图层,利用移动工具将人物移至"浪漫婚纱季"窗口中,调整图像至合适的位置。

　　(12) 选中直排文字工具,设置前景色为＃94252a,字体为 Adobe 黑体 Std,字号为 24,加粗,输入"婚纱摄影";选中直排文字工具,字号为 14,输入"春嫁优惠,低至 5 折"。

（13）选中直排文字工具，设置前景色为♯94252a，设置字体为 Arial，字号为 6，输入"WEDDING PHOTOGRAPHY"；选中直排文字工具，输入"SPRING OFFERS 50％OFF"，调整文字间距为 300％。

（14）选择直线工具，设置填充颜色为♯fbf7f3，无描边，大小为 5 像素，绘制一直线，如图 3-52 所示。

图 3-52　添加文字形状效果图

（15）选择矩形工具，设置填充颜色为♯fdfaf7，无描边，大小为 180×54 像素，绘制一矩形；按 Alt 键复制一矩形，改变填充颜色为♯94252a，其他不变，调整至合适的位置。

（16）选中横排文字工具，设置前景色为♯94252a，字体为 Adobe 黑体 Std，字号为 10，输入"你想要的"；选中横排文字工具，设置前景色为♯fdfaf7，输入"这里都有"，完成效果图的制作，如图 3-44 所示。

演示步骤视频及设计素材

3.5　任务：头发丝抠图

任务要求

利用如图 3-53 所示的素材，完成如图 3-54 所示的头发丝抠图效果图的制作。

图 3-53　头发丝抠图素材

图 3-54　头发丝抠图效果图

任务分析

- 借助"蓝副本"通道选取人物图像。
- 利用"色阶"对话框调整图像的黑白对比度。
- 利用"通道"面板将通道作为选区载入,抠取图像。

制作流程

(1) 选择"文件"→"打开"命令,打开素材 1 图片,按 Ctrl+J 快捷键复制背景图层。

(2) 选择图层 1,切换到"通道"面板,分别单击红、绿、蓝三个通道,查看左侧图片的变化,选择"黑白"对比比较明显的"蓝"通道,如图 3-55 所示。

(3) 选择"蓝"通道,右击,复制通道,得到"蓝 拷贝"通道,选择并只显示"蓝 拷贝"通道,如图 3-56 所示。

图 3-55　选择"蓝"通道

图 3-56　复制通道

(4) 选择"蓝 拷贝"通道,按 Ctrl+I 快捷键使图像反相显示,按 Ctrl+L 快捷键打开"色阶"对话框,设置参数,调整图片的黑白对比度,让头发丝能够清晰可见,单击"确定"按钮,如图 3-57 所示。

(5) 设置前景色为白色,选择画笔工具,设置画笔大小为 100 像素,硬度为 0,对图像中不够白的区域进行涂抹,将这些区域抹白,如图 3-58 所示。

图 3-57　调整色阶　　　　　　　　　　　图 3-58　画笔涂抹

（6）按住 Ctrl 键，单击"蓝 拷贝"通道缩览图，将白色区域变为
选区；显示 RGB 通道，隐藏"蓝副本"通道，单击"图层"面板，按
Ctrl＋J 快捷键复制选区中的图像到自动新建的图层中。

（7）打开素材 2 背景图片，将抠取的图像拖动到背景图片中，
移动美女头像至合适的位置，完成效果图制作，如图 3-59 所示。

演示步骤视频及设计素材

图 3-59　效果图

通道

通道主要用于存储颜色数据，也可以用来存储选区和制作选区。所有的通道都是 8 位
灰度图像。对通道的操作具有独立性，用户可以针对每个通道进行色彩调整、图像处理、使
用各种滤镜，从而制作出特殊的效果。

1. 通道的分类

通道作为图像的组成部分，是与图像的格式密不可分的，图像颜色、格式的不同，决定了
通道的数量和模式。在 Photoshop 中，通道有 3 种模式：RGB 模式、CMYK 模式和 Lab 模
式，不同模式的图像，其通道的数量是不一样的。对于一个 RGB 图像，有 RGB、R、G、B 4 个
通道；对于一个 CMYK 图像，有 CMYK、C、M、Y、K 5 个通道；对于一个 Lab 模式的图像，有
Lab、L、a、b 4 个通道。灰度图像只有一个颜色通道，在通道面板中可以直观地看到，如图 3-60
所示。

通道主要有五种类型。

图 3-60　通道模式

1）复合通道

复合通道不包含任何信息,实际上它只是同时预览并编辑所有颜色通道的一个快捷方式。它通常在单独编辑完一个或多个颜色通道后,使通道面板返回到它的默认状态。对于不同模式的图像,其通道的数量是不一样的。对于 RGB 模式而言,其复合通道是 RGB 通道;对于 CMYK 模式而言,其复合通道是 CMYK 通道;对于 Lab 模式而言,其复合通道是Lab 通道。

2）颜色通道

在 Photoshop 中编辑图像时,实际上就是在编辑颜色通道。这些通道把图像分解成一个或多个色彩成分,图像的模式决定了颜色通道的数量。

3）专色通道

专色通道主要用于印刷,它是一种特殊的颜色通道,可以使用除了青色、洋红、黄色、黑色以外的颜色来绘制图像。

4）Alpha 通道

Alpha 通道的主要功能是建立、保存和编辑选区。与颜色通道不同,Alpha 通道不是用来保存颜色数据的,其中的黑白不代表颜色的有或无,而代表是否被选取。在默认情况下,白色表示被完全选中的区域,灰色表示被不同程度选中的区域,而黑色表示未被选中的区域。

5）单色通道

单色通道是用来存储一种颜色信息的通道,一些高级的调色操作都是在单色通道中进行的。这种通道的产生比较特别,也可以说是非正常的。如果在通道面板中随便删除其中一个通道,就会发现所有的通道都变成"黑白"的,原有的彩色通道即使不删除也变成灰度的了,如图 3-61 所示。

2."通道"面板

"通道"面板主要用于创建、编辑和管理通道。"通道"面板如图 3-62 所示,以 RGB 模式的图像为例,从上到下依次显示复合通道、颜色通道、专色通道、Alpha 通道。

图 3-61　单色通道

图 3-62　"通道"面板

- "将通道作为选区载入"按钮 ▓▓：将通道中颜色较亮的区域作为选区加载到图像中。
- "将选区存储为通道"按钮 ▣：将当前图像中选区存储为 Alpha 通道，仅当图像中有选区时才有效。
- "创建新通道"按钮 ▤：创建一个新的 Alpha 通道。
- "删除当前通道"按钮 ▥：将通道拖曳到该按钮上，可以删除选择的通道。

3. 通道的创建与编辑

1）创建新的 Alpha 通道

- 单击"通道"面板底部的"创建新通道"按钮，即可在"通道"面板中创建一个新的 Alpha 通道，该通道在面板中显示为黑色。
- 选择"通道"面板菜单中的"新建通道"命令，将弹出"新建通道"对话框，如图 3-63 所示，设置后创建新的 Alpha 通道。

2）将选区存储为 Alpha 通道

- 在图像中创建选区，单击"通道"面板底部的"将选区存储为通道"按钮，此时将选区存储为 Alpha 通道。默认情况下，在生成的 Alpha 通道中，白色对应选区内部，黑色对应选区外部，如图 3-64 所示。

图 3-63　"新建通道"对话框

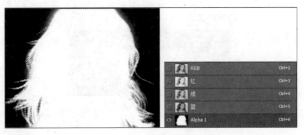

图 3-64　将选区存储为 Alpha 通道

- 选择"选择"→"存储选区"命令，弹出如图 3-65 所示的"存储选区"对话框，也可以将选区存储为通道。

3）分离通道

分离通道是将图像中每个通道分离成大小相等且独立的灰度图像。对图像中的通道进行分离后，原文件会被关闭。

选择"通道"面板菜单中的"分离通道"命令，即可将通道分离，如图 3-66 所示。

图 3-65　"存储选区"对话框

图 3-66　分离通道

分离后的新图像名称后添加了各单色通道的缩写或全名,如图 3-67 所示。

图 3-67　分离通道后各原色通道生成的新图像

4) 合并通道

合并通道是将多个具有相同像素尺寸、处于打开状态的灰度模式的图像,作为不同的通道合并到一个新的图像中,是分离通道的逆操作。具体操作步骤如下。

(1) 打开所有要合并通道的灰度图像,选中其中一个作为当前图像。

(2) 选择"通道"面板菜单中的"合并通道"命令,弹出如图 3-68 所示的对话框。在"模式"下拉列表框中选择合并图像后的颜色模式,在"通道"文本框中输入一个与选取的模式相兼容的表示通道数量的数值,单击"确定"按钮,弹出如图 3-69 所示的对话框,依次指定合并图像的各通道对应的灰度图,最后单击"确定"按钮。

图 3-68　"合并通道"对话框　　　　图 3-69　"合并多通道"对话框

思考与实训

一、填空题

1. 在 Photoshop 中常用的图层有_____、_____、_____、_____、
_____、_____。

2. _____图层是一个不透明的图层,用户不能对它进行图层不透明度、图层混合模式和图层填充颜色的调整。

3. 要删除图层钮,可以选择图层菜单_____子菜单中的_____命令。

4. 要将当前层设为顶层,可以按_____快捷键,要将当前层向下移一层,可以按_____快捷键。

5. 要使多个图层同时移动、变换、对齐与分布,应_____。

6. 在"图层"调板中,若某图层名称后有 🔗 标记,则表示该图层处于_____状态。

7. 将选区内对象复制生成新的图层,可使用菜单命令_____,要将选区内对象剪切生成新的图层,可使用菜单命令_____。

8. 始终位于"图层"调板底部且没有透明像素的图层是_____,该图层以_____命名。

9. 若要将当前层与下一图层合并,则可使用菜单命令_____;要将所有图层合并为背景层,可使用菜单命令_____。

10. 将上下两个图层位置重叠的像素颜色进行复合,得到的结果色将比原来的颜色都暗的颜色模式是_____;将上下两层位置重叠的像素的颜色进行复合或过滤,同时保留底层原色的亮度的颜色模式是_____。

二、上机实训

1. 利用如图 3-70 所示的素材图,完成如图 3-71 所示的效果图。

图 3-70　夕阳下的天坛素材

图 3-71　夕阳下的天坛效果图

2. 利用如图 3-72 所示的素材,完成如图 3-73 所示花好月圆效果图的制作。

图 3-72　花好月圆素材　　　　　　图 3-73　花好月圆效果图

第 4 章

图片的特效处理

4.1 任务：水晶球里的秋天

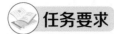 任务要求

利用球面化滤镜及扭曲滤镜，完成如图 4-1 所示的水晶球效果。

图 4-1　水晶球效果图

任务分析

- 利用 Ctrl＋J 快捷键复制图层。
- 利用"滤镜"→"扭曲"→"球面化"命令制作球面效果。
- 利用"滤镜"→"扭曲"→"旋转扭曲"和"曲线调色"命令制作水晶球的剔透感。

制作流程

（1）选择"文件"→"打开"命令，打开我们素材盘中的素材"秋日美景.jpg"。

（2）选择工具箱中的"椭圆选框工具"，并在工具栏中设置"羽化"值为 1 像素，然后按住 Shift 键绘制一个尽量大的正圆选区，如图 4-2 所示。

（3）按 Ctrl＋J 快捷键，复制正圆图层。按 Ctrl＋T 快捷键，打开自由变换工具，缩小图形，并移动到合适的位置，如图 4-3 所示。

图 4-2　绘制正圆

图 4-3　复制正圆图层

　　（4）再次执行 Ctrl＋J 快捷键，复制图层，并隐藏新复制的"图层 1 拷贝"图层。图层排列如图 4-4 所示。

　　（5）选择"图层 1"，按住 Ctrl 键并单击图层 1 的"图层缩览图"，激活选区。

　　（6）执行两次"滤镜"→"扭曲"→"球面化"命令，在弹出的球面化对话框中设置"数量"为 100％，效果如图 4-5 所示。

图 4-4　图层排列

图 4-5　球面化效果

　　（7）取消隐藏"图层 1 拷贝"图层，并单击选中该图层。执行"滤镜"→"扭曲"→"旋转扭曲"命令，在弹出的"旋转扭曲"对话框中设置"角度"为 999 度，如图 4-6 所示。

　　（8）执行"选择"→"修改"→"收缩"命令，在弹出的"收缩选区"对话框中设置收缩量为 30 像素。

　　（9）执行"选择"→"修改"→"羽化"命令，在弹出的"羽化选区"对话框中设置羽化半径为 10 像素。然后按 Delete 键删除选区内的内容，如图 4-7 所示。

图 4-6　旋转扭曲

图 4-7　删除选区后

（10）取消选区，执行"图像"→"调整"→"曲线"命令，在弹出的"曲线"对话框中调整参数，提高"图层 1 拷贝"图层的亮度，如图 4-8 所示。

演示步骤视频及设计素材

（11）单击"图层 1"图层，选中工具箱中的橡皮擦工具，并在工具栏中设置"大小"为 45 像素，"不透明度"为 15％，沿着画面中图层 1 的球体边缘擦除，使水晶球边缘更柔和。

（12）选中"背景"图层，执行"滤镜"→"模糊"→"高斯模糊"命令，在弹出的对话框中，设置半径为 15 像素，选项如图 4-9 所示，效果如图 4-1 所示。

图 4-8　曲线调整

图 4-9　高斯模糊选项

4.1.1　滤镜的基础知识

为了丰富照片的图像效果，摄影师们在照相机的镜头前加上各种特殊镜片，这样拍摄得到的照片就包含了所加镜片的特殊效果，这些镜片即称为"滤色镜"。特殊镜片的思想延伸到计算机的图像处理技术中，便产生了"滤镜（Filer）"，也称为"滤波器"，是一种特殊的图像效果处理技术。滤镜一般是遵循一定的程序算法，对图像中像素的颜色、亮度、饱和度、对比度、色调、分布、排列等属性进行计算和变换处理，其结果便是使图像产生特殊效果。

Photoshop 中的滤镜大体可分为两种：内置滤镜（自带滤镜）和外挂滤镜（第三方滤镜）。内置滤镜与外挂滤镜都被安放在 Photoshop 安装目录下的 Plug-ins 子目录下。内置滤镜是指在默认安装 Photoshop 时，安装程序自动安装到 Plug-ins 目录下的那些滤镜。外挂滤镜是指除上述滤镜以外，由第三方厂商为 Photoshop 所开发的滤镜，这些滤镜都有一定的针对性，针对 Photoshop 在功能上的不足，加以提升。在某些特定的领域，外挂滤镜处理效果比 Photoshop 处理更加方便、快捷。

将第三方开发的滤镜称为外挂滤镜，是因为它们像外挂一般，是扩展寄主应用软件的补充性程序。Photoshop 根据需要把外挂滤镜调入和调出内存。由于不是在基本应用软件中写入的固定代码，因此，外挂滤镜具有很大的灵活性，最重要的是，可以根据意愿来更新外挂，而不必更新整个应用程序。

4.1.2　滤镜的使用技巧

内置滤镜是 Photoshop 的特色工具之一，充分而适度地利用好内置滤镜不仅可以改善图像效果、掩盖缺陷，还可以在原有图像的基础上产生许多特殊炫目的效果。内置滤镜分类如图 4-10 所示。

使用滤镜时应该注意以下事项。

滤镜只能应用于当前可视图层,且可以反复应用,连续应用。但一次只能应用在一个图层上;滤镜不能应用于位图模式、索引颜色和 48bit RGB 模式的图像,某些滤镜只对 RGB 模式的图像起作用,如 Brush Strokes 滤镜和 Sketch 滤镜就不能在 CMYK 模式下使用;滤镜只能应用于图层的有色区域,对完全透明的区域没有效果;有些滤镜完全在内存中处理,所以内存的容量对滤镜的生成速度影响很大;有些滤镜很复杂,或者要应用滤镜的图像尺寸很大,执行时需要很长时间,如果想结束正在生成的滤镜效果,需要按 Esc 键;上次使用的滤镜将出现在滤镜菜单的顶部,可以通过执行此命令对图像再次应用上次使用过的滤镜。

图 4-10 内置滤镜分类

4.2 任务:雨荷的制作

任务要求

利用渲染滤镜完成如图 4-11 所示的雨荷效果图。

图 4-11 雨荷效果图

任务分析

- 利用"滤镜"→"渲染"→"纤维"命令调节画面。
- 利用"滤镜库"→"染色玻璃"命令调节画面。
- 利用"滤镜库"→"石膏效果"命令调节画面。
- 通过绘制图层蒙版得到最后效果图。

制作流程

(1) 执行"文件"→"打开"命令,打开荷花素材,文件如图 4-12 所示。

(2) 把素材荷花作为背景图层,再创建一个新图层,并填充为黑色。

（3）执行"滤镜"→"渲染"→"纤维"命令，将"差异"值设置为 25，强度设置为 20，单击"确定"按钮，如图 4-13 所示。

图 4-12　打开文件

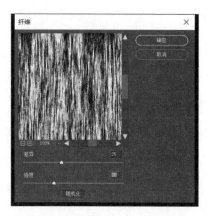

图 4-13　"纤维"滤镜对话框

（4）执行"滤镜"→"滤镜库"命令，打开"滤镜库"对话框，选中"纹理"→"染色玻璃"选项，单元格大小为 9，边框粗细大小为 9，光照强度为 2，如图 4-14 所示。

（5）执行"滤镜"→"滤镜库"命令，打开"滤镜库"对话框，选中"素描"→"石膏效果"选项，图像平衡为 35，平滑度为 10，光照选择"上"，如图 4-15 所示。

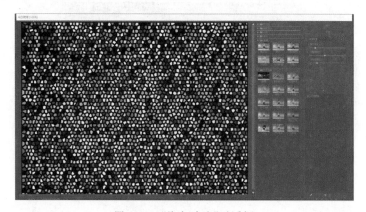

图 4-14　"染色玻璃"对话框

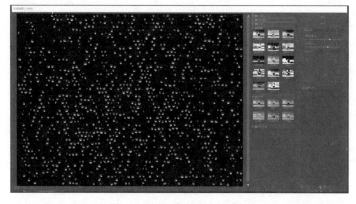

图 4-15　"石膏效果"对话框

（6）单击魔棒工具，选择黑色，水珠以外的区域被选中，按住 Delete 键删除。并修改图层混合模式，选择"叠加"，如图 4-16 所示。

（7）取消选区，单击添加图层蒙版命令，选择画笔工具，设置画笔颜色为黑色，根据"黑透白不透"的原则在蒙版上涂抹，将多余的水珠去掉，如图 4-17 所示。

演示步骤视频及设计素材

图 4-16 删除水珠以外的图像

图 4-17 编辑图层蒙版

4.3 任务：多彩光环的制作

📖 任务要求

利用调整菜单和滤镜，完成如图 4-18 所示的多彩光环的制作。

图 4-18 多彩光环效果图

✏️ 任务分析

- 利用滤镜镜头光晕和极坐标制作光点。
- 利用调整菜单制作多彩效果。

🧹 制作流程

（1）执行"文件"→"新建"命令，在对话框中设置页面大小为 800×800 像素，分辨率为 72 像素/英寸，背景内容为黑色。

（2）执行"滤镜"→"渲染"→"镜头光晕"命令，在打开的"镜头光晕"对话框中设置镜头类型为电影镜头，亮度为默认，参数设置如图 4-19 所示。

（3）执行"滤镜"→"扭曲"→"极坐标"命令，在打开的"极坐标"对话框中选择"平面坐标到极坐标"，单击"确定"按钮，如图 4-20 所示。

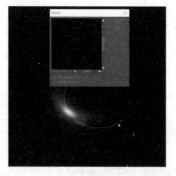

图 4-19 "镜头光晕"对话框　　　　　　图 4-20 "极坐标"对话框

（4）按 Ctrl＋J 快捷键复制当前图层，并设置新复制图层的混合模式为"变亮"，如图 4-21 所示。

（5）按 Ctrl＋T 快捷键打开自由变换工具，在工具栏中设置旋转角度为 60°，如图 4-22 所示。

图 4-21 图层混合模式　　　　　　图 4-22 旋转角度

（6）执行"图像"→"调整"→"色相/饱和度"命令，调整色相的值为 40，如图 4-23 所示，设置不同的颜色。

（7）按 Ctrl＋J 快捷键再次复制图层。选中新复制的图层，按 Ctrl＋T 快捷键，旋转 60°。执行"图像"→"调整"→"色相/饱和度"命令，调整色相值为 40，如图 4-24 所示。

（8）重复执行第（7）步三次，三次的色相值分别设置为 40、120、40，制作如图 4-25 所示的多彩光环。

演示步骤视频及设计素材

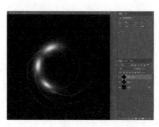

图 4-23 调整色相　　　　图 4-24 编辑新图层　　　　图 4-25 最终效果

4.4　任务：乘风破浪

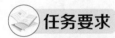**任务要求**

利用渲染滤镜和扭曲滤镜，完成如图 4-26 所示的乘风破浪效果图。

图 4-26　乘风破浪效果图

任务分析

- 利用"滤镜"→"渲染"→"云彩"命令完成背景制作。
- 利用"滤镜"→"扭曲"→"波纹和旋转扭曲"命令制作波浪效果。
- 利用"画笔"工具载入外部笔刷，制作海鸟飞翔的效果。

制作流程

（1）选择"文件"→"新建"命令，在对话框中设置页面大小为 1200×1000 像素，分辨率为 72 像素/英寸，背景颜色为白色。

（2）设置前景色为蓝色♯0290D2，背景色为白色♯FFFFFF。执行"滤镜"→"渲染"→"云彩"命令，制作云彩效果，如图 4-27 所示。

（3）在图层面板中新建一个图层，在工具箱中选择"矩形选框"工具，绘制如图 4-28 所示的矩形选区。

（4）选中工具箱的"渐变"工具，并编辑渐变颜色由白色♯FFFFFF 到♯0BB2F0，按住 Shift 键，从上往下拖动出线性渐变，填充效果如图 4-29 所示。

（5）按 Ctrl＋D 快捷键取消选区，执行"滤镜"→"扭曲"→"波纹"命令，在弹出的"波纹"对话框中设置数量为 999，波纹大小为"大"，如图 4-30 所示。

（6）再次执行"滤镜"→"扭曲"→"波纹"命令，设置波纹大小为"中"，数量为 999，如图 4-31 所示。

图 4-27　云彩效果

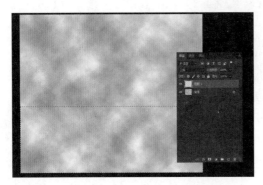

图 4-28　矩形选区

图 4-29　渐变填充

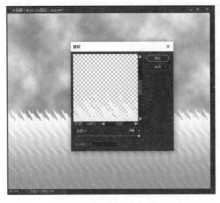

图 4-30　波纹滤镜

图 4-31　第二次波纹滤镜

（7）选择"滤镜→扭曲→旋转扭曲"命令，角度设置为 306°，制作波浪效果，参数设置如图 4-32 所示。

（8）新建一个图层 2，选择工具箱中的"画笔"工具，单击"画笔"工具选项栏中画笔大小数字右侧的下三角形按钮，在弹出的菜单中找到 ⬛ 按钮，单击打开下拉菜单，选择"载入画笔"选项，将素材文件夹中的"小鸟笔刷"的.abr 笔刷文件载入 Photoshop，如图 4-33 所示。

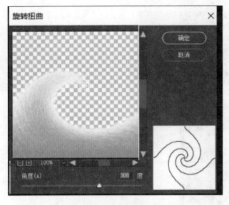

图 4-32　旋转扭曲滤镜

图 4-33　载入画笔笔刷

（9）单击  按钮，打开画笔面板，设置画笔的笔尖形状为小鸟，画笔大小为一个合适的值，前景色为白色，用点画的方式在画面中绘制飞翔的海鸟。选择多种笔尖形状和大小画出不同形态的海鸟，效果如图 4-34 所示。

演示步骤视频及设计素材

（10）把素材图片"冲浪人"拖动到"乘风破浪"文档中。按 Ctrl＋T 快捷键，调整冲浪人至合适的大小、位置和旋转角度，单击工具箱中的橡皮擦，并在工具栏中设置合适的大小，硬度为 0，反复擦除冲浪人的边缘，直至自然融入浪花，如图 4-35 所示。

图 4-34　画笔海鸟

图 4-35　冲浪人

4.5　任务：雨水特效的制作

📖 **任务要求**

《喜晴》这首诗是宋代范成大所作，形容时间过得很快，晴雨交替的时间变换之中，已经是春去夏来了。请大家以素材图片为底，利用多种滤镜为诗句"连雨不知春去，一晴方觉夏深"制作逼真的下雨效果，如图 4-36 所示。

图 4-36　效果图

任务分析

- 利用"直排文字工具"输入文字。
- 利用"椭圆形状工具"和"橡皮擦工具"绘制椭圆。
- 利用"滤镜"→"像素化"→"点状化和模糊"→"动感模糊滤镜"命令制作雨丝效果。
- 利用色阶调整雨的大小。

制作流程

(1) 在素材文件夹中找到外部字体文件,并双击进行安装。

(2) 打开 Photoshop,选择"文件"→"打开"命令,打开素材盘中的素材"夏花.jpg"。

(3) 选择工具箱中的"直排文字工具",在画面中分别输入文字"喜""晴""——宋·范成大""连雨不知春去,一晴方觉夏深"。并分别调整字体、字号到合适的大小和位置,如图 4-37 所示。

(4) 选择工具箱中的"椭圆工具",并在工具栏中设置"填充"为无颜色,"描边"为白色,线粗为 2 像素,按住 Shift 键绘制两个大小不同的正圆,如图 4-38 所示。

(5) 按 Shift 键的同时选择"椭圆 1"和"椭圆 2"图层,右击,在弹出的快捷菜单中选择"栅格化图层"命令,栅格化两个图层。

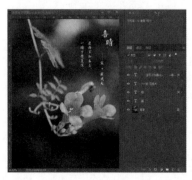

图 4-37　输入文字

图 4-38　绘制椭圆

（6）选择工具箱中的"橡皮擦工具"，在工具栏中设置画笔的大小为 15 像素，硬度为 100％，擦除椭圆的效果如图 4-39 所示。

图 4-39 擦除部分椭圆

（7）新建图层，设置前景色为白色，背景色为黑色，并按 Alt＋Delete 快捷键为新建图层填充白色，如图 4-40 所示。

（8）单击图层面板下方的"添加蒙版"按钮，为新建图层添加蒙版，并按 Ctrl＋Delete 快键填充蒙版为黑色，如图 4-41 所示。

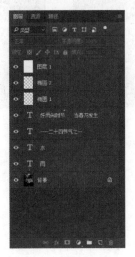

图 4-40 新建图层　　　　图 4-41 添加蒙版

（9）为蒙版添加滤镜。执行"滤镜"→"像素化"→"点状化"命令，在弹出的"点状化"对话框中设置参数"单元格大小"的值为 3，如图 4-42 所示。

（10）执行"图像"→"调整"→"阈值"命令，调整参数至 188 左右，使像素化的点变少，如图 4-43 所示，以便使后期雨丝的制作更加逼真。

（11）执行"滤镜"→"模糊"→"动感模糊"命令，在弹出的"动感模糊"对话框中调整角度为 78°使雨丝微倾，调整距离参数为 45 像素，如图 4-44 所示。

（12）为使雨的状态更加逼真，执行"图像"→"调整"→"色阶"命令，如图 4-45 所示，调整参数使雨丝的状态更逼真。

演示步骤视频及设计素材

（13）雨在画面边缘的显示状态不自然，按 Ctrl＋T 快捷键打开自由变换工具，放大图片，如图 4-46 所示，将雨的边缘切出画面。

图 4-42　像素化滤镜

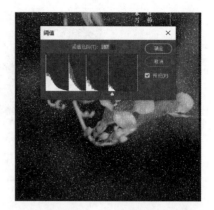

图 4-43　调整阈值

图 4-44　动感模糊

图 4-45　色阶调整

图 4-46　修整放大雨丝

常用滤镜功能简介

1. 特殊滤镜

1）滤镜库

使用滤镜库，可以累积应用滤镜，并应用单个滤镜多次。还可以重新排列滤镜并更改已应用的每个滤镜的设置，以便实现所需的效果。但并非所有可用的滤镜都可以使用滤镜库来应用。使用风格化、画笔描边、素描、纹理、艺术效果等滤镜组时必须打开滤镜库。

画笔描边滤镜组中的一部分滤镜，通过不同的油墨和画笔勾画图像产生绘画效果，有些滤镜可以添加颗粒、绘画、杂色、边缘细节或纹理。此滤镜组包含 8 种滤镜：成角的线条、墨水轮廓、喷溅、喷色描边、强化的边缘、深色线条、烟灰墨、阴影线。

素描滤镜组可以将纹理添加到图像，常用来模拟素描和速写等艺术效果或手绘外观，其中大部分滤镜在重绘图像时都要使用前景色和背景色，设置不同的前景色和背景色可以得到不同的效果。此滤镜组包含半调图案、便条纸、粉笔和炭笔、铬黄渐变、绘图笔、基底凸显、水彩画纸、撕边、石膏效果、炭笔、图章、网状等 14 种滤镜。

■ 半调图案：把一幅图像处理成用前景色和背景色组成带有网板图案的作品，用这处滤镜可以轻易制作出带有某种色彩倾向的怀旧作品。

- 便条纸:主要是简化图像色彩,使图像沿着边缘线产生凹陷,生成类似浮雕的凹陷压印图案,形成一种标志效果。
- 粉笔与炭笔:以粉笔画的笔触和效果,用背景色代替原图像中高光区和中间色部分;而以大约 45°倾斜的炭精条笔触和效果,用前景色代替原图像中阴暗部分。
- 铬黄渐变:把一幅图像处理成发亮光液体金属的样子。
- 绘图笔:使一幅图像产生钢笔白描的效果,其素描中越是阴影面越是需要笔来表达。
- 基底凸现:根据图像的轮廓,使图像产生一种具有凹凸的粗糙边缘及纹理的浮雕效果。
- 水彩画纸:此滤镜产生纸张扩散和画面浸湿的湿纸效果,可调节图像扩散程度、亮度、对比度。
- 撕边:在前景色与背景色交界处制作溅射分裂的效果。
- 石膏效果:在图像的轮廓中填充石膏粉效果,然后再用前景色和背景色渲染成彩色图像。
- 炭笔:把一幅图像处理成炭精条画的效果。
- 图章:将图像的轮廓做成图章,产生类似图像但却是图章的效果。
- 网状:产生网眼覆盖效果,使图像呈现网状结构。用前景色代表暗部分,背景色代表亮部分。

纹理滤镜组可以模拟具有深度感或物质感的外观,或添加一种器质外观。此滤镜组包含 6 种滤镜:龟裂缝、颗粒、马赛克拼贴、拼缀图、染色玻璃、纹理化。

艺术效果滤镜组可以模仿自然或传统介质效果,使图像看起来更绘画或艺术效果。此滤镜组包含 15 种滤镜:壁画、彩色铅笔、粗糙蜡笔、底纹效果、调色刀、干画笔、海报边缘、海绵、绘画涂抹、胶片颗粒、木刻、霓虹灯光、水彩、塑料包装、涂抹棒。

2)自适应广角滤镜

广角镜头在拍摄照片时,都会有镜头畸变的情况,让照片边角位置出现弯曲变形,即使再昂贵的镜头也是如此。此滤镜可以在处理广角镜头拍摄的照片时,对镜头产生的变形进行处理,得到一张完全没有变形的照片。

3)镜头较正

镜头较正滤镜根据各种相机与镜头的测量自动校正,可以轻易消除桶状和枕状变形、相片周边暗角,以及造成边缘出现彩色光晕的色相差。

4)液化滤镜

液化滤镜可用于推、拉、旋转、反射、折叠和膨胀图像的任意区域。创建的扭曲可以是细微的或剧烈的,所以液化滤镜成为修饰图像和创建艺术效果的强大工具。

5)消失点

消失点滤镜可以在编辑包含透视平面的图像时保留正确的透视关系,经常用于制作建筑或家具中有透视效果的花纹。

6)转换为智能滤镜

给智能对象图层添加滤镜时出现有蒙版状态的滤镜效果。可以通过蒙版来控制需要加滤镜的区域。同时可以在同一个智能滤镜下面添加多种滤镜,并可以随意控制滤镜的顺序,有点类似图层样式。

2. 内置滤镜

1) 风格化

风格化滤镜组可以置换像素、查找并增加图像的对比度,产生绘画和印象派风格的效果。此滤镜组包含 9 种滤镜:查找边缘、等高线、风、浮雕、扩散、拼贴、曝光过度、凸出、油画。

- 查找边缘:通过强化颜色过滤区,从而使图像产生轮廓被铅笔勾画的描边效果。使用这个滤镜,系统会自动寻找、识别图像的边缘,用优美的细线描绘它们,并给背景填充白色,使一幅色彩浓郁的图像变成别具风格的速写。
- 等高线:产生的是一种异乎寻常的简洁效果——白色底色上简单地勾勒出图像细细的轮廓。
- 风:在图像中增加一些小的水平线以达到起风的效果。
- 浮雕:通过勾画图像轮廓和降低周围像素色值从而生成具有凸凹感的浮雕效果。
- 扩散:移动像素的位置,使图像产生油画或毛玻璃的效果。
- 拼贴:将图像分割成有规则的分块,从而形成拼图状的瓷砖效果。
- 曝光过度:将图像正片和负片混合,从而产生摄影中的曝光效果。
- 凸出:产生一个三维的立体效果。使像素挤压出许多正方形或三角形,可将图像转换为三维立体图或锥体,从而生成三维背景效果。
- 油画:使图像产生油画风格的效果。

2) 模糊

包括模糊滤镜组和模糊画廊滤镜组,用于削弱相邻像素的对比度并柔化图像,使图像产生模糊效果,在去除图像的杂色或创建特殊效果时会经常用到此类滤镜。Photoshop CC 模糊滤镜组包含 11 种滤镜,包括表面模糊、动感模糊、方框模糊、高斯模糊、进一步模糊、径向模糊、镜头模糊、模糊、平均、特殊模糊、形状模糊。模糊画廊滤镜组包括场景模糊、光圈模糊、移轴模糊、路径模糊和旋转滤镜 5 种。常用模糊滤镜的功能介绍如下。

- 场景模糊:通过添加不同的控制点并设置每个点作用的模糊强度来控制景深的特效,制作有层次的浅景深效果。
- 光圈模糊:类似相机的镜头对焦,焦点周围的图像会变得模糊。
- 移轴模糊:用来模拟移轴镜头的虚化效果。
- 动感模糊:对图像进行指定方向的强化模糊,其参数设置为角度与距离。
- 径向模糊:可以模拟移动或旋转相机产生的模糊效果。该对话框中包含"旋转"和"缩放"两种模糊方法,还包括 3 种品质:草图、好、最好。
- 高斯模糊:按照指定的数值快速模糊图像,产生朦胧的效果。高斯模糊的半径值为 0.1~255 像素之间,数值越大,模糊程度越高。

3) 扭曲

扭曲滤镜组可以对图像进行几何扭曲,创建 3D 或其他整形效果。在处理图像时,这些滤镜会占用大量内存。此滤镜组包含 9 种滤镜:波浪、波纹、极坐标、挤压、切变、球面化、水波、旋转扭曲、置换。

- 波浪:使图像产生强烈波纹越伏的效果。其强烈程度可控制。
- 波纹:和波浪相似,同样产生波纹起伏和效果,但效果较为柔和。
- 极坐标:将图形中假设的直角坐标转换成为极坐标,或将假设的极坐标转换为直角坐标,前者把矩形的上边往里压缩,下边向外延伸。最后上边的区域形成圆心部分,下边变成圆周部分,从而使图形畸形失真。

- 挤压:把图像挤压变形,收缩膨胀地产生离奇的效果。
- 切变:沿着对话框中一条指定的曲线扭曲影像。
- 球面化:把图像中所选定的球形区域或其他区域扭曲膨胀或变形缩小。
- 水波:使所选择的图形产生像涟漪一样的波动效果。
- 旋转扭曲:在图形的选择区域内产生旋转的效果。选择区域中心旋转得比边缘利害,可以指定旋转角度。
- 置换:用另一幅图像中的颜色和形状来确定当前图像中图形的改变形式。

4)锐化

锐化滤镜组可以通过增强相邻像素间的对比度来聚焦模糊的图像,使图像变得清晰。此滤镜组包含 6 种滤镜:USM 锐化、防抖、进一步锐化、锐化、锐化边缘、智能锐化。

5)视频

视频滤镜组可以将普通的图像转化为视频设备可以接收的图像。此滤镜组包含两种滤镜:NTSC 颜色、逐行。

- NTSC 颜色:可以解决当使用 NTSC 方式向电视机输出图像时色域变窄的问题,实际是将色彩表现范围缩小,将某些饱和度过多的图像转成近似的图像,去减低饱和度。
- 逐行:此滤镜在用于视频输出时消除混杂信号的干扰,使图像平滑、清晰。

6)像素化

像素化滤镜组可以通过使单元格中颜色值相近的像素结成块来清晰地定义一个选区,可以创建彩块、点状、晶格和马赛克效果。

此滤镜组包含 7 种滤镜:彩块化、彩色半调、点状化、晶格化、马赛克、碎片、铜版雕刻。

7)渲染

渲染滤镜组可以在图像中创建 3D 形象、云彩图案、折射图案和模拟的光反射。此滤镜组包含 8 种滤镜:火焰、图片框、树和云彩、分层云彩、光照效果、镜头光晕、纤维。主要滤镜介绍如下。

- 云彩滤镜:可根据当前的前景色和背景色之间的变化随机生成柔和的云纹图案,并将原稿内容全部覆盖,通常用来产生一些背景纹理。
- 分层云彩滤镜:使用随机产生的介于前景色与背景之间的值来生成云彩图案,产生类似于照片底片的效果。
- 光照效果滤镜:功能非常强大,类似于三维软件中的灯光功能,可使图像应用不同的光源、光类型和光特性,也可以改变基调,增加图像的深度和聚光。
- 镜头光晕滤镜:模拟亮光照射到相机镜头所产生的光晕效果,使图像呈现不同于普通照片的一种太阳光晕效果。该滤镜包含 4 种镜头类型,分别是"50～300 毫米变焦""35 毫米聚焦""105 毫米聚焦""电影镜头。"
- 纤维滤镜:可使用前景色和背景色创建类似编织的纤维效果。

8)杂色

杂色滤镜组可以添加或去除杂色或带有随机分布色阶的像素,创建与众不同的纹理,也用于去除有问题的区域,此滤镜组包括 5 种滤镜:减少杂色、蒙尘与划痕、去斑、添加杂色、中间值。

9）其他

其他滤镜组有允许用户自定义滤镜的命令、使用滤镜修改蒙板的命令、在图像中使选区发生位移和快速调整颜色的命令。此滤镜组包括 6 种滤镜：HSB/HSL、高反差保留、位移、自定、最大值和最小值。

思考与实训

一、填空题

1. 可以得到球状变形效果的滤镜是_____。

2. 请列举几种常用的模糊滤镜_____、_____、_____。

3. 再次执行上一次滤镜效果的快捷键是_____。

4. 渲染滤镜组中的云彩滤镜在渲染时的两种颜色分别是_____和_____。

5. 可以对人物的脸型和身材做减肥处理的滤镜是_____。

二、上机实训

1. 利用极坐标滤镜制作如图 4-47 所示效果图。

图 4-47　极坐标效果图

2. 利用镜头光晕和极坐标滤镜制作水中气泡，效果如图 4-48 所示。

图 4-48　水中气泡效果图

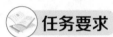

特效文字制作

5.1 任务：白云特效字

任务要求

利用文字工具、画笔工具、渐变工具完成如图 5-1 所示白云特效字效果。

图 5-1 白云特效字

任务分析

- 设置前景色及背景色，使用渐变工具创建背景图片。
- 使用文字工具输入文字。
- 用白云画笔进行填充。

制作流程

（1）首先在 Photoshop 中创建一个新文档，页面大小为 1000×500 像素，分辨率为 72 像素/英寸，RGB 模式，白色背景，如图 5-2 所示。

（2）设置前景色为＃3497b6，背景色为＃97d5e6，使用"渐变工具"向下拖出一个线型渐变，如图 5-3 所示。

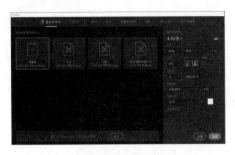

图 5-2 新建文件

图 5-3 线性渐变

（3）将素材文件夹里的华文琥珀字体文件复制到系统字体目录下（C:\windows\fonts）。使用"横排文字工具"在画布中输入文字"泉润古今 城载文明"，字体为华文琥珀，字号为100，颜色为白色，如图5-4所示。

图 5-4 输入文字

（4）制作云朵背景。在 Photoshop 中载入白云笔刷（白云笔刷在素材文件夹里，文件名为白云笔刷.abr），如图5-5所示，选择如图5-6所示云朵笔刷，在文字图层上面创建一个新图层，将前景色改为白色后在图层1中添加白云。

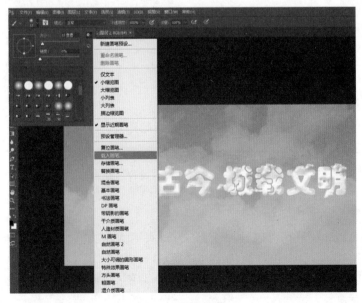

图 5-5 载入画笔

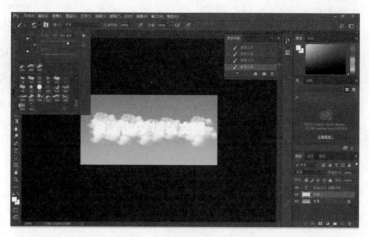

图 5-6 设置画笔绘制图层

（5）把白云制作成文字的形状。按住 Ctrl 键并单击文字图层的缩略图来载入文字选区，然后选择白云的图层，按 Ctrl＋Shift＋I 快捷键进行反选，再按 Delete 键删除，最后按 Ctrl＋D 快捷键取消选择，并删除文字图层，如图 5-7 所示。

图 5-7 删除文字图层后的效果

（6）单击"橡皮擦工具"，使用柔边圆笔刷（大小为 23 像素，硬度为 0，不透明度为 70％），涂抹白云文字的边界，使它看起来更加柔和，如图 5-8 所示。

图 5-8 擦除涂抹后效果

（7）使用白云笔刷，设置笔刷大小为 40，文字边界位置绘制一点小云朵，如图 5-9 所示。

（8）最后创建一个新图层，选择较大白云笔刷添加一些白云作为背景，完成效果如图 5-10 所示，然后设置这个图层不透明度为 50％，如图 5-11 所示，保存文件名为"白云特效字.psd"，完成制作。

演示步骤视频及设计素材

图 5-9　在边界绘制小云朵

图 5-10　白云背景效果图　　　　　图 5-11　设置不透明度

5.1.1　文字工具

Photoshop 中使用文字工具可以直接在图像上输入和编辑文字。文字工具在标准工具栏中以一个小小的图标 **T** 呈现，键盘快捷键是字母 T。如果单击该工具右侧的三角形，会看到文字工具箱中的 4 个选项：横排文字工具、直排文字工具、横向文字蒙版工具和直排文字蒙版工具，如图 5-12 所示。

1. 横排文字工具

单击文字工具箱中的"横排文字工具"按钮，再单击画布，即可在当前图层的上边创建一个新的文字图层，如图 5-13 所示。同时，画布内鼠标单击处会出现一个竖线光标，表示可以输入横排排列的文本。

2. 直排文字工具

单击文字工具箱中的"直排文字工具"按钮，此时的选项栏与图 5-14 所示基本相同。它的使用方法与横排文字工具的使用方法也基本一样，只是输入的文字是竖排排列的文本（从上至下及从右至左）。

图 5-12 文字工具组　　　　　　图 5-13 使用横排方式输入文字

图 5-14 文字工具选项栏

3. 文字蒙版工具

单击文字工具箱中的"横向文字蒙版工具"按钮或"直排文字蒙版工具"按钮,此时的选项栏与图 5-14 基本一致,再单击画布,即可在当前图层上加入一个红色的蒙版,输入完毕后单击"提交"按钮,所输入的文字就变为文字选区,如图 5-15 所示。

图 5-15 使用文字蒙版方式输入文字

4. 文字工具选项栏

使用文字工具选项栏来设置文字特征。文字工具选项栏的选项有字体、字体大小、字体样式、文字对齐方式和文本颜色等,如图 5-14 所示。

- 切换文本取向图标 ⬚ :用来切换文字的水平方向与垂直方向。
- 创建文字变形图标 ⬚ :使用这个功能可以把文本扭曲或生成其他变形。
- 切换字符和段落面板图标 ⬚ :用来打开"切换字符和段落面板"以及字符和段落面板的切换。

5.1.2 文字的属性

文字的属性可以根据用途的不同分为两部分:字符属性和段落属性。在编辑文字的过程中或完成后都可以改变文字属性。

1. 字符属性

执行"窗口"→"字符"命令,或者在文字工具选项栏中单击切换字符和段落面板图标 ,打开"字符"面板,如图 5-16 所示。在"字符"面板中可以设定文字的字体、大小、颜色、字距以及文字基线的移动等变化。

2. 段落属性

一个或多个字符后跟一个硬回车就被称为段落。执行"窗口"→"段落"命令,打开"段落"面板,如图 5-17 所示。在"段落"面板里可以设定段落的对齐、段前以及段后等。

图 5-16 "字符"面板

图 5-17 "段落"面板

5.1.3 栅格化文字

Photoshop 输入的文字是矢量的文本,这类字可以使操作者有编辑文本的能力,当生成文本后,可以对文本进行调整大小、应用图层样式、变形等操作。但是,有些操作却不能实现,如滤镜和色彩调整,这些操作在基于矢量的文本上无效。如果要对矢量文本应用这些效果,就必须首先栅格化文字,也就是把它转换成像素图片。

栅格化将文字图层转换为普通图层,并使其内容不能再进行文本编辑。想要把文本渲染成像素图片,首先应选择该文字图层,再执行"图层"→"栅格化"→"文字"命令即可。

5.2 任务:古风特效字

任务要求

利用文字工具、渐变工具、图层样式、钢笔工具、画笔工具的应用,完成如图 5-18 所示特效字效果。

任务分析

- 设置前景色及背景色,使用渐变工具创建背景图片。
- 使用文字工具输入文字。

图 5-18　古风特效字

■ 利用钢笔工具勾选区。

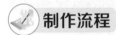 **制作流程**

（1）在 Photoshop 中创建一个新文档，大小为 1500×700 像素，分辨率为 72 像素/英寸，RGB 模式，白色背景，如图 5-19 所示。

（2）设置前景色为♯4b432e，背景色为♯7f7051，使用渐变工具由上向下拖动出线性渐变，如图 5-20 所示。

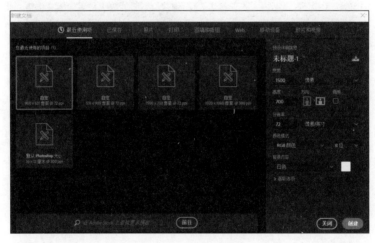

图 5-19　新建文件

（3）将素材文件夹里的华文琥珀字体文件复制到系统字体目录下（C:\windows\fonts）。使用横排文字工具输入文字华夏古韵，字体为华文琥珀，字号为 300 点，颜色为白色，如图 5-21 所示。

图 5-20　线性渐变

图 5-21　输入文字

（4）导入清明上河图素材，调整位置和大小使素材盖住文字，如图 5-22 所示。

（5）按住 Ctrl 键并单击文字图层的缩略图来载入文字选区，然后选择素材图层，按 Ctrl＋Shift＋I 快捷键来进行反选，按 Delete 键删除，按 Ctrl＋D 快捷键取消选区，完成效果如图 5-23 所示。

图 5-22　导入素材

图 5-23　绘制文字

（6）双击素材图层，打开图层样式，设置斜面浮雕，深度为 115％，大小为 115 像素，修改光泽等高线为线性，高光模式为滤色，颜色为前景色，阴影模式为正片叠底，颜色为背景色，如图 5-24 所示。

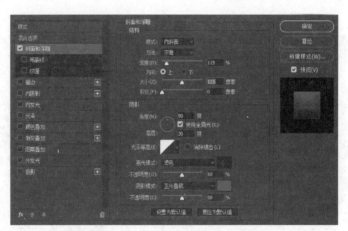

图 5-24　"斜面和浮雕"设置

（7）新建图层 2，用钢笔工具勾出如图 5-25 所示选区，按 Ctrl＋Enter 快捷键建立选区，选择渐变工具，将前景色修改为白色，在选区中做出白色到透明的渐变，如图 5-25 所示。

图 5-25　建立选区

（8）按住 Ctrl 键并单击文字图层的缩略图来载入文字选区，然后单击图层 2，按 Ctrl＋ Shift＋I 快捷键来进行反选，再按 Delete 键删除，最后按 Ctrl＋D 快捷键取消选择，如图 5-26 所示。

图 5-26　设置文字效果

（9）复制图层 1，按 Ctrl＋T 快捷键调整文字，右击，在弹出的快捷菜单中选择"垂直翻 转"选项，向下移动翻转的文字，按住 Ctrl 键并单击文字图层的缩 略图（垂直翻转后的文字图层）建立选区，将前景色更改为黑色，选 择渐变工具，在选区中自下向上拖出一个黑色到透明的渐变，并将 不透明度改为 30％，如图 5-27 所示。

演示步骤视频及设计素材

（10）在工具栏中选择画笔工具，在画笔工具中选择"散布枫 叶"、"硬边缘"画笔，设置合适的大小，对画面添加装饰， 完成如图 5-28 所示效果，将文件保存为"古风特效字.psd"，完成制作。

图 5-27　倒影的制作

图 5-28　添加装饰

5.3 任务：绒毛特效字

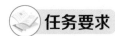
任务要求

利用文字工具、画笔工具、图层样式的应用,完成如图 5-29 所示的绒毛特效字制作。

图 5-29 绒毛特效字

任务分析

- 创建新文件,使用文字工具输入文字。
- 设置相应的图层样式。
- 设置动态画笔进行填涂。

制作流程

(1) 在 Photoshop 中创建一个新文档,大小为 800×600 像素,分辨率为 72 像素/英寸,RGB 模式,白色背景,如图 5-30 所示。

(2) 将素材文件夹里的华文琥珀字体文件复制到系统字体目录下(C:\windows\fonts)。使用横排文字工具将"字体"设置为"华文琥珀",输入文字"元旦快乐",文字"大小"为 130 点,颜色为♯f214c0,输入文字"元旦快乐",如图 5-31 所示。

图 5-30 新建文件

图 5-31 输入文字

（3）双击文字图层打开"图层样式"对话框，设置投影颜色为♯610037，如图 5-32 所示。再设置内阴影颜色与投影一致，其他参数如图 5-33 所示。

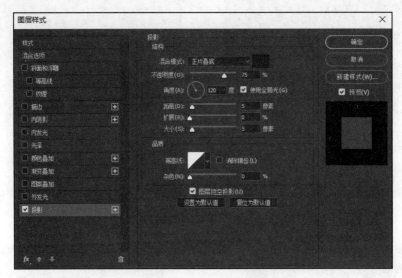

图 5-32　"投影"参数设置

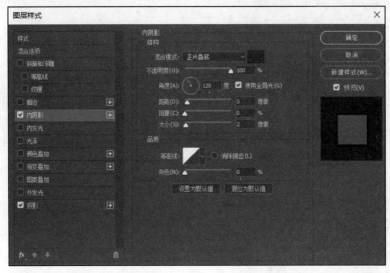

图 5-33　"内阴影"参数设置

（4）设置"斜面和浮雕"与"颜色叠加（♯a8005f）"，参数如图 5-34 和图 5-35 所示。

（5）选择画笔工具，单击工具选项栏中的"切换画笔面板"按钮，在打开的"画笔"面板的"画笔笔尖形状"列表框中选择"沙丘草"画笔，设置大小为 35 像素，间距为 25％，如图 5-36 所示。打开"画笔"面板设置动态画笔的形状动态，如图 5-37 所示，其余为默认值。

（6）画笔设置好后，新建一个图层，用画笔沿着字体走势描出毛茸茸的效果。效果如图 5-29 所示，将文件保存为"绒毛特效字.psd"。

演示步骤视频及设计素材

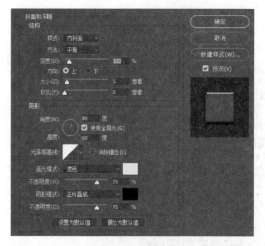

图 5-34 "斜面和浮雕"参数设置

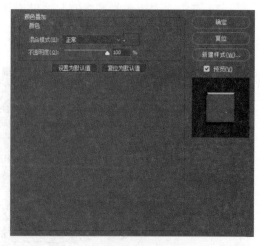

图 5-35 "颜色叠加"参数设置

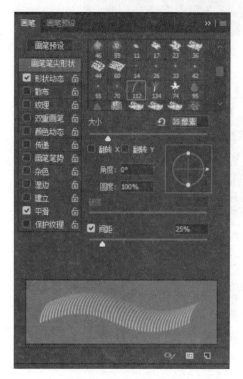

图 5-36 画笔基本设置

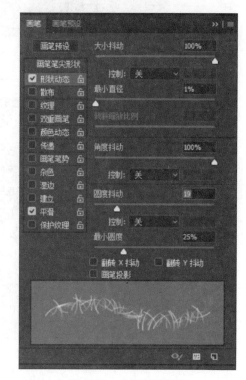

图 5-37 动态画笔设置

5.4 任务: 沙滩立体特效字

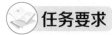 **任务要求**

利用画笔工具、滤镜、通道等应用,完成如图 5-38 所示的效果。

图 5-38　沙滩立体特效字

任务分析

- 使用画笔进行绘制文字。
- 利用图层样式修改文字样式。
- 利用"滤镜"→"模糊"→"高斯模糊"命令完成滤镜特效。
- 利用"滤镜"→"杂色"→"添加杂色"命令完成滤镜特效。

制作流程

（1）在 Photoshop 中创建一个新文档，大小为 1500×700 像素，分辨率为 72 像素/英寸，RGB 模式，白色背景，设置如图 5-39 所示。

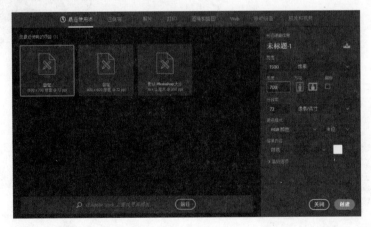

图 5-39　新建文件

（2）在工具栏中设置前景色和背景色均为♯d9cda3，效果如图 5-40 和图 5-41 所示。

（3）按 Alt＋Delete 快捷键填充前景色，效果如图 5-42 所示。

（4）执行"滤镜"→"杂色"→"添加杂色"命令，在弹出的添加"杂色"对话框中设置数量为 25，其他设置如图 5-43 所示。

（5）新建图层 1，如图 5-44 所示；选择工具箱中的画笔工具，将前景色颜色改为黑色，在画面中输入"大海"两个字，按 Ctrl 键同时单击文字层，为文字建立选区，然后将文字层删除，完成效果如图 5-45 所示。

图 5-40　设置前景色

图 5-41　设置背景色

图 5-42　填充前景色

图 5-43　添加杂色

图 5-44　新建图层

图 5-45　输入文字并建区选取

　　(6) 按 Ctrl+J 快捷键,复制出图层 2,双击图层 2,在弹出的"图层样式"对话框中选择"斜面和浮雕",设置等高线为环形,高光颜色为暗灰色,其他设置参数如图 5-46 所示。

　　(7) 单击工具箱中的橡皮擦工具,将图层 1 中的文字擦除,效果如图 5-47 所示。

　　(8) 将背景层隐藏,单击工具箱中的画笔工具,选择如图 5-48 所示的笔刷,选择图层 2,将背景色切换为前景色,在图层 2 中顺着文字点画,完成效果如图 5-49 所示。

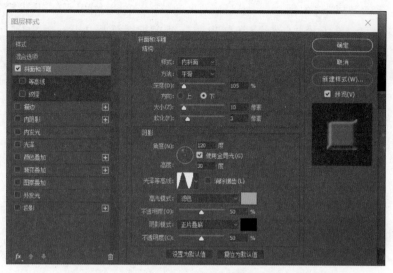

图 5-46　其他设置参数

图 5-47　擦除文字效果图

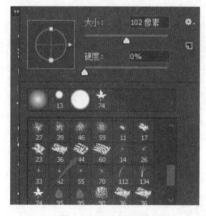

图 5-48　选择画笔

图 5-49　完成效果图

（9）按住 Ctrl 键单击图层 2，为文字建立选区，执行"选择"→"修改"→"收缩"命令，在弹出的"收缩选区"对话框中设置"收缩量"为 8 像素，单击"确定"按钮，画面效果如图 5-50所示，按 Delete 键，删除选区内的图像，效果如图 5-51 所示。

（10）显示背景层，选中图层 2，在图层 2 中执行菜单栏中的"滤镜"→"模糊"→"高斯模糊"命令，在弹出的高斯模糊对话框中设置半径为 5.4 像素，完成效果如图 5-52 所示。

（11）选中背景图层，对图层执行添加杂色命令，选择菜单栏中的"滤镜"→"杂色"→"添加杂色"命令，在弹出的"添加杂色"对话框中设置数量为 25，分布选择"高斯分布"，选中"单色"选项，效果如图 5-53 所示，将文件保存为"沙滩立体特效字.psd"。

演示步骤视频及设计素材

图 5-50　设置收缩量和效果图

图 5-51　删除选区后效果图

图 5-52　高斯模糊完成效果　　　　　　　　　图 5-53　添加杂色

5.5　任务：彩块特效字

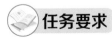**任务要求**

利用文字工具以及"滤镜"功能的拼贴滤镜、晶格化滤镜和枕状浮雕样式等，完成如图 5-54 所示的彩块特效字效果。

图 5-54　彩块特效字效果图

任务分析

- 通过拼贴滤镜来分割画布，增强图案中黑色线条的宽度。
- 将画布中的黑色线条载入选区，使用蓝红渐变填充。
- 输入主题文字，新建图层并将文字载入选区。
- 为文字图形赋予晶格化特效，再制作出带有白色边格的彩色文字特效。
- 为文字图形增添枕状浮雕样式。

制作流程

（1）在 Photoshop 中创建一个新文件，打开如图 5-55 所示的"新建文档"对话框，设置大小为 300×200 像素，分辨率为 200 像素/英寸，RGB 模式，白色背景，名称为"彩块字"，单击"创建"按钮。

（2）在确定前景色为黑色、背景色为白色的前提下，执行"滤镜"→"风格化"→"拼贴"命令，在弹出的对话框中设置参数，如图 5-56 所示，设置完毕单击"确定"按钮，制作出连续方格的图案效果，如图 5-57 所示。

图 5-55　新建文档

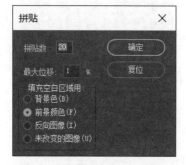

图 5-56　"拼贴"参数设置

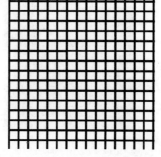

图 5-57　连续方格的图案效果

（3）执行"滤镜"→"其他"→"最小值"命令，在弹出的对话框中设置参数，如图 5-58 所示，设置完成后单击"确定"按钮。

（4）选择工具箱中的魔棒工具 ，在画布中单击黑色线条载入选区，效果如图 5-59 所示。

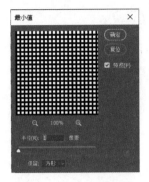

图 5-58　"最小值"参数

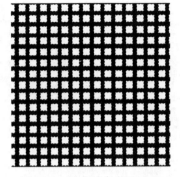

图 5-59　黑色线条载入选区

(5) 单击前景色,进入"拾色器(前景色)"对话框,设置颜色(♯2eafe4),如图 5-60 所示。单击背景色,进入"拾色器(背景色)"对话框,设置颜色(♯970b0e),如图 5-61 所示。

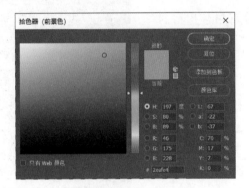

图 5-60　设置前景色

图 5-61　设置背景色

(6) 在图层面板中单击创建新图层按钮,新建一个图层,如图 5-62 所示。选择工具箱中的渐变工具,在选项栏中设置"前景色到背景色渐变",设置完毕自上而下拖出渐变。执行菜单中的"选择"→"取消选择"命令,取消当前浮动的选区,效果如图 5-63 所示。

图 5-62　新建一个图层

图 5-63　渐变效果

(7) 在"图层"面板中确定当前编辑图层为"背景"图层,选择工具箱中的魔棒工具在选项栏中取消选中"连续"以及"对所有图层取样"复选框,并单击画布中的白色区域,效果如图 5-64 所示。

(8) 新建一个"图层 2",执行"选择"→"修改"→"收缩"命令,在弹出的对话框中设置"收缩量"为 1 像素,设置完毕单击"确定"按钮,如图 5-65 所示。

图 5-64　选区白色区域

图 5-65　将选区收缩

（9）执行"编辑"→"填充"命令，在弹出的对话框中设置"内容"为"前景色"，单击"确定"按钮，效果如图 5-66 所示。

（10）再次执行"选择"→"修改"→"收缩"命令，在弹出的对话框中设置"收缩量"为 1 像素，设置完毕单击"确定"按钮，如图 5-67 所示。

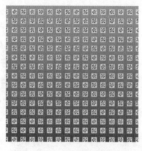

图 5-66　填充前景色

图 5-67　收缩选区

（11）执行"编辑"→"填充"命令，在弹出的对话框中设置"内容"为"白色"，单击"确定"按钮，效果如图 5-68 所示。

（12）取消当前浮动的选区，选择工具箱中的移动工具，向左上方移动白色图形。效果如图 5-69 所示。

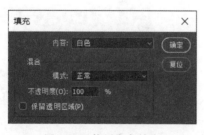

图 5-68　使用白色填充

图 5-69　移动白色块

（13）选择工具箱中的"横排文字工具"，在"字符"面板中设置字体为黑体，文字大小为 30 点，字体边缘程度为浑厚，设置完毕在画布上输入文字"彩色"，完成后效果如图 5-70 所示。

（14）新建一个图层，按住 Ctrl 键，单击文字"彩色"图层，效果如图 5-71 所示，将文字载入选区。

图 5-70　输入文字完成后的效果

图 5-71　将文字载入选区效果图

（15）选择工具箱中的渐变工具，在选项栏中设置参数，如图 5-72 所示，新建图层，使用渐变工具自上而下绘制渐变。

图 5-72　渐变工具

（16）执行"滤镜"→"像素化"→"晶格化"命令，在弹出的对话框中设置参数，效果如图 5-73 所示。

（17）在"图层"面板中，按住 Ctrl 键的同时单击"图层 1"，如图 5-74 所示，将画布的边缝线条载入选区，再按住 Delete 键，执行删除选区内图形的命令。然后取消选区，制作出带有白色边格的彩色文字特效。

演示步骤视频及设计素材

（18）在"图层"面板中单击添加图层样式按钮，在弹出的菜单中选择"斜面和浮雕"命令，在弹出的对话框中设置参数，选择"枕状浮雕"样式，设置完毕单击"确定"按钮，效果如图 5-54 所示，将文件保存为"彩块特效字.psd"。

图 5-73　"晶格化"滤镜

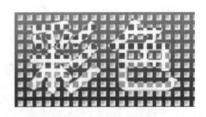
图 5-74　带有白色边格的彩色文字特效

文字的滤镜应用

通过风格化、画笔描边、模糊、扭曲、素描、纹理、像素化、渲染、艺术效果等滤镜功能，可以将平淡无奇的图像制作出神奇无比的艺术效果，使普通的文字变成具有质感的特效文字。

如图 5-75 所示，在 Photoshop 中打开"滤镜"菜单包含的滤镜组合。下面介绍本章中所用到的滤镜。

1."风格化"滤镜

"风格化"滤镜组中的滤镜可通过置换像素和增加图像的对比度，使图像产生绘画或印象派绘画的效果。

- 查找边缘：使用显著的转换标识图像的区域，并突出图像的边缘。
- 等高线：可获得与等高线图中的线条相类似的效果。
- 风：可模拟风的效果，在图像中创建细小的水平线条。
- 浮雕效果：可将选区的填充色转换为灰色，并用原填充色描绘图像的边缘，使选区显得凸起或凹陷。
- 扩散：在该滤镜对话框中选择一种扩散模式，滤镜将根据选中的模式选项搅乱图像选区中的像素，以使选区像素显得不十分聚集，而变得扩散。

图 5-75　滤镜组合

2."模糊"滤镜

"模糊"滤镜的作用主要是减小图像相邻像素间的对比度，将颜色变化较大的区域平均化，以达到柔化图像和模糊图像的目的。

使用"模糊"滤镜组中的滤镜，通过平衡图像中已定义的线条和遮蔽区域边缘附近的像素，使图像变化变得柔和。

- 表面模糊：使图像表面产生模糊的效果。
- 动感模糊：使图像产生动态模糊的效果，类似于以固定的曝光时间给移动的物体拍照。
- 高斯模糊：可添加低频细节，产生一种朦胧的模糊效果。在该滤镜对话框中设置可调整的量，以快速模糊图像或指定的选区。
- 进一步模糊：使图像产生的模糊效果比"模糊"滤镜强三到四倍。

3."扭曲"滤镜

使用"扭曲"滤镜组中的滤镜可使图像产生几何扭曲，创建三维或其他整形效果。

- 波浪：该滤镜的工作方式与"波纹"滤镜类似，但该滤镜对话框提供了更多选项，可进一步控制图像的变形效果。
- 波纹：可使图像产生如水池表面的波纹效果。
- 球面化：可以把图形变成球面的感觉。
- 水波：使图像产生如同映射在波动水面上的效果。
- 极坐标：根据在滤镜对话框中设置的选项，将选区从平面坐标转换到极坐标，或将选区从极坐标转换到平面坐标，来创建圆柱变体，即把矩形形状的图像变换为圆筒形状，或把圆筒形状的图像变换为矩形形状。
- 置换：置换是把图像制造出一种褶皱的效果。就是很好地把原图像和指定图片进行融合。

4. 艺术效果滤镜

使用艺术效果滤镜可模仿自然或传统介质效果。

- 干画笔：可将图像的颜色范围降到普通颜色范围来简化图像,好像使用干画笔技术绘制的图像边缘一样,使图像颜色显得干枯。
- 海报边缘：在滤镜对话框中设置选项,以减少图像中的颜色数量,并查找图像的边缘,在图像边缘上绘制黑色线条,使图像中大而宽的区域显现简单的阴影,而使细小的深色细节遍布整个图像。
- 海绵：将使用图像中颜色对比强烈、纹理较重的区域重新创建图像,使图像产生如同用海绵绘制而成的效果。
- 绘画涂抹：该滤镜对话框中提供了"简单""未处理光照""暗光""宽锐化""宽模糊"和"火花"多种画笔类型。用户可选择不同的画笔类型并设置滤镜选项,使图像产生不同的绘画效果。
- 胶片颗粒：可给原图像增加一些均匀的颗粒状斑点,并且还可以控制图像的明暗度。
- 木刻：可使高对比度的图像看起来呈剪影状,而使彩色图像看上去像是由几层彩纸组成的。

5. "渲染"滤镜

"渲染"滤镜使图像产生三维映射云彩图像,折射图像和模拟光线反射,还可以用灰度文件创建纹理进行填充。

- 3D 变换滤镜：将图像映射为立方体、球体和圆柱体,并且可以对其中的图像进行三维旋转,此滤镜不能应用于 CMYK 和 Lab 模式的图像。
- 分层云彩滤镜：使用随机生成的介于前景色与背景色之间的值来生成云彩图案,产生类似负片的效果,此滤镜不能应用于 Lab 模式的图像。
- 光照效果滤镜：使图像呈现光照的效果,此滤镜不能应用于灰度、CMYK 和 Lab 模式的图像。
- 镜头光晕滤镜：模拟亮光照射到相机镜头所产生的光晕效果。通过单击图像缩览图来改变光晕中心的位置,此滤镜不能应用于灰度、CMYK 和 Lab 模式的图像。
- 云彩滤镜：使用介于前景色和背景色之间的随机值生成柔和的云彩效果,按住 Alt 键的同时使用云彩滤镜,将会生成色彩相对分明的云彩效果。

思考与实训

一、填空题

1. 在 Photoshop 中文字工具包含：_____、_____、_____、_____,其中在创建文字的同时创建一个新图层的是_____。

2. Photoshop 中文字的属性可以分为_____和_____两个部分。

3. 当你要对文字图层执行滤镜效果,那么首先应当作_____。

4. 上次使用过的滤镜将被放在"滤镜"菜单的顶部,单击它或按_____快捷键可以再次应用。

5. 在 Photoshop 中,如果输入的文字需要分出段落,可以按_____键进行操作。

6. Photoshop 文字变形除了变换功能之外,还可以使用文字变形功能,主要有_____、_____、_____等。

7. 在 Photoshop 中,使用_____文字变形方式,可以使如图 5-76 所示的文字,变形为如图 5-77 所示的文字效果。

图 5-76　变形前的文字　　　　图 5-77　变形后的文字

8. 在 Photoshop 中,_____滤镜可以使图像中过于清晰或对比度过于强烈的区域,产生模糊效果,也可用于制作柔和阴影。

9. 使用"云彩"滤镜时,按_____键,可使边缘更硬、更明显。

10. 渲染/光照效果只对_____图像起作用。

二、上机实训

1. 通过文字工具以及滤镜效果,制作故障特效字,效果如图 5-78 所示。

提示:使用文字工具、混合选项(高级混合—通道)、风效果滤镜等功能来制作。

2. 通过文字工具以及混合选项,制作水晶特效字,效果如图 5-79 所示。

提示:主要使用斜面和浮雕、内阴影、光泽和投影等效果来制作。

图 5-78　故障特效字效果图　　　　图 5-79　水晶特效字效果图

VI 图形绘制

6.1 任务：绘制中国结标志

任务要求

利用矩形工具、椭圆工具、路径编辑工具，绘制完成如图 6-1 所示的中国结标志效果。

图 6-1 绘制中国结标志效果图

任务分析

- 利用矩形工具、椭圆工具绘制出基本图形。
- 利用直接选择工具对基本图形进行调整，达到最佳的绘制效果。
- 应用"合并形状"命令将图形逐步整合。
- 通过添加中英文文字完成中国结标志的制作。

制作流程

（1）新建文档，宽度为 20 厘米，高度为 20 厘米，分辨率为 150 像素/英寸，颜色模式为 RGB 颜色，背景为白色。

（2）设置前景色为 255，0，0。选择矩形工具 ，然后选择其选项栏中的"形状"按钮 ，在图像编辑窗口中单击，创建一个矩形，将属性设置如图 6-2 所示。

（3）复制矩形图层并将复制的矩形旋转 90°，放置在如图 6-3 所示位置。

图 6-2　创建矩形并设置参数

图 6-3　创建并复制矩形

（4）重复以上操作，继续复制两个矩形并放置在如图 6-4 所示位置。选择 4 个矩形图层并右击，在弹出的菜单中选择"合并形状" 合并形状 命令。

（5）选择椭圆工具 ，在图像编辑窗口中绘制椭圆，在"边框"选项区域设置长宽都为 200 像素，在"形状细节"选项区域设置填充为无颜色 ⬜，描边设置为 50 像素，颜色设置为 255,0,0。参数设置如图 6-5 所示。

图 6-4　将 4 个矩形放置到如图位置

图 6-5　绘制椭圆并设置参数

（6）使用直接选择工具 ▶，单击圆形，激活椭圆上下左右四个锚点，选择下方锚点并向下拖曳一定距离，效果如图 6-6 所示。

（7）使用直接选择工具 ▶，将椭圆下方锚点的左右两个方向点缩短，效果如图 6-7 所示。

图 6-6　向下拖动下方锚点

图 6-7　缩短下方锚点的左右两个方向点

（8）复制椭圆图层，按 Ctrl＋T 快捷键进行自由变换，在选项栏中设置旋转的角度为 90 度 ，按 Enter 键确认操作。重复此操作，再复制两个椭圆图层，得到的效果如图 6-8 所示。

（9）选择 4 个椭圆图层并右击，在弹出的菜单中选择"合并形状"命令，按 Ctrl＋T 快捷键进行自由变换，在选项栏中设置旋转的角度为 45°，并与之前绘制的矩形组合如图 6-9 所示。

图 6-8　复制椭圆并组合效果图　　　　图 6-9　将椭圆与矩形组合效果图

（10）选择椭圆工具 ，在图像编辑窗口中绘制 4 个小圆形，参数如图 6-10 所示，得到如图 6-11 所示的效果。

图 6-10　绘制小圆形参数　　　　　图 6-11　绘制并复制小圆形效果

（11）选择所有形状图层，右击栅格化图层并且合并图层，对合并后的图层按 Ctrl＋T 快捷键进行自由变换，在选项栏中设置旋转的角度为 65°，效果如图 6-12 所示。

（12）使用横排文字工具 在标志下方添加中文及英文字，并设置合适的字体与大小 ，效果如图 6-1 所示。

（13）至此，中国结标志绘制完成。按 Ctrl＋S 快捷键，将文件命名为"中国结标志.psd"保存。

演示步骤视频及设计素材

图 6-12　合并并旋转

6.1.1　VI 的基本概念

VI(visual identity)即为视觉识别系统,是 CIS 系统中最具传播力和感染力的部分。CIS 由三部分组成,即理念识别 MI、行为识别 BI 和视觉识别 VI。VI 是将 CIS 的非可视内容转化为静态的视觉识别符号,以无比丰富的、多样的应用形式,在最为广泛的层面上,进行最直接的传播。设计到位、实施科学的视觉识别系统,是传播企业经营理念、建立企业知名度、塑造企业形象的便捷之途。

VI 一般包括基础部分和应用部分两大内容。其中,基础部分一般包括:企业的名称、标志、标识、标准字体、标准色、辅助图形、标准印刷字体、禁用规则等;而应用部分则一般包括:标牌旗帜、办公用品、公关用品、环境设计、办公服装、专用车辆等。

6.1.2　优秀 VI 对企业的影响

一个优秀的 VI 设计对一个企业可以产生以下影响。

(1) 在明显与其他企业区分开来的同时又确立该企业明显的行业特征或其他重要特征,确保该企业在经济活动当中的独立性和不可替代性;明确该企业的市场定位,属企业的无形资产的一个重要组成部分。

(2) 传达该企业的经营理念和企业文化,以形象的视觉形式宣传企业。

(3) 以自己特有的视觉符号系统吸引公众的注意力并产生记忆,使消费者对该企业所提供的产品或服务产生最高的品牌忠诚度。

(4) 提高该企业员工对企业的认同感,提高企业士气。

6.1.3　VI 设计的基本原则

VI 的设计不是机械的符号操作,而是以 MI 为内涵的生动表述。所以,VI 设计应多角度、全方位地反映企业的经营理念。VI 设计应遵循以下原则。

(1) 风格的统一性原则。

(2) 强化视觉冲击的原则。

(3) 强调人性化的原则。

(4) 增强民族个性与尊重民族风俗的原则。

(5) 可实施性原则。VI 设计不是设计人员的异想天开而是要求具有较强的可实施性。如果在实施上过于麻烦,或因成本昂贵而影响实施,再优秀的 VI 也会由于难以落实而成为空中楼阁、纸上谈兵。

(6) 符合审美规律的原则。

(7) 严格管理的原则。VI 系统千头万绪,因此,在长期的实施过程中,要坚决杜绝各实施部门或人员的随意性,严格按照 VI 手册的规定执行,确保不走样。

6.1.4　VI 设计的流程

VI 的设计程序可大致分为以下 6 个阶段。

(1) 准备阶段:成立 VI 设计小组,理解消化 MI,确定贯穿 VI 的基本形式,搜集相关资讯,以便多方面比较。VI 设计小组由各具所长的人士组成。人数不在于多,在于精干,重实效。一般来说,应由企业高层的主要负责人担任。因为该人士比一般的管理人士和设计人员对企业自身情况的了解更为透彻,宏观把握能力更强。其他成员主要是各专门行业的人士,以美工人员为主体,以营销人员、市场调研人员为辅。如果条件许可,还应邀请美学、心理学等学科的专业人士参与部分设计工作。

(2) 设计开发阶段:VI 设计阶段分基本要素设计和应用要素设计。VI 设计小组首先要充分地理解、消化企业的经营理念,把 MI 的精神吃透,并寻找与 VI 的结合点。这一工作有赖于 VI 设计人员与企业间的充分沟通。在各项准备工作就绪之后,VI 设计小组即可进入具体的设计阶段。

(3) 反馈修正阶段。

(4) 调研与修正反馈。

(5) 修正并定型。在 VI 设计基本定型后,还要进行较大范围的调研,以便通过一定数量、不同层次的调研对象的信息反馈来检验 VI 设计的各个细节。

(6) 编制 VI 手册。

6.2　任务:绘制广告伞

任务要求

利用矩形工具、钢笔工具、直接选择工具,绘制完成如图 6-13 所示的广告伞。

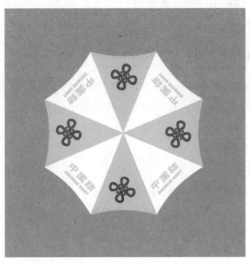

图 6-13　广告伞效果图

任务分析

- 利用矩形工具绘制一个正方形的形状。
- 利用钢笔组工具和直接选择工具修改并调整路径。
- 利用"变换"命令或快捷键对图形进行复制旋转。

制作流程

（1）新建文档，宽度为 20 厘米，高度为 20 厘米，分辨率为 150 像素/英寸，颜色模式为 RGB 颜色，背景为白色，如图 6-14 所示。

（2）按 Ctrl+R 快捷键打开标尺，然后在图像窗口中拖曳出两条参考线，分别放置在 X 轴和 Y 轴的 10 厘米处。单击前景色，在出现的拾色器对话框中，设置 RGB 的颜色分别为 255，222，0。

（3）单击工具箱中的矩形工具 ，同时在其选项栏的下拉菜单中选择"形状" 。在图像窗口中，单击的同时按下 Shift 键，在图像窗口中绘制一个正方形，并移动到参考线交叉点位置，如图 6-15 所示。

（4）按下 Ctrl+T 快捷键，对此图形进行自由变换，在其选项栏中设置旋转的角度为 67.5°，然后移动此形状到如图 6-16 所示的位置。

图 6-14　新建文档

图 6-15　形状工具画出的正方形

图 6-16　旋转移动后的效果图

（5）单击工具箱中的直接选择工具 ，将路径中的锚点全部选中，然后单击工具箱中的删除锚点工具 ，将右边的锚点删除，效果如图 6-17 所示。

（6）再次选择直接选择工具，拖动右上方锚点，将此锚点沿着斜线回收，直到上面的线条变成水平为止，效果如图 6-18 所示。

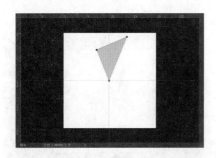

图 6-17　删除右边锚点后的效果

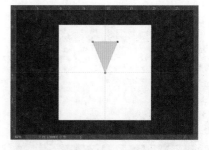

图 6-18　调整锚点后的效果

（7）单击工具箱中的添加锚点工具 ，在水平线的中间添加一个锚点，然后单击直接选择工具将其锚点向下移动,使之变成曲线,效果如图 6-19 所示。

(8) 右击"矩形 1"图层,在弹出的快捷菜单中选择"栅格化图层"命令,将"矩形 1"图层栅格化,打开 Logo.png 文件并放置到如图 6-20 所示的位置。

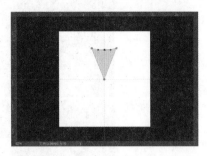

图 6-19 添加锚点并调整后的效果

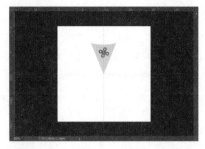

图 6-20 打开并置入 Logo.png 文件

(9) 右击 Logo 图层,在弹出的快捷菜单中选择"向下合并"命令,将 Logo 图层和"矩形 1"图层合并,复制合并后的图层,将复制出的图形垂直翻转后放置到如图 6-21 所示的位置。

(10) 设置前景色为灰色(R:160,G:160,B:160),然后为"背景"层填充上这个灰色,如图 6-22 所示。

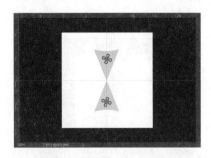

图 6-21 复制并翻转后的效果

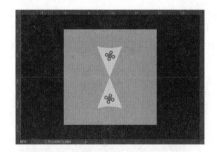

图 6-22 将背景颜色设置为灰色

(11) 右击"矩形 1 拷贝"图层,在弹出的快捷菜单中选择"向下合并"命令,将"矩形 1 拷贝"和"矩形 1"合并为"图层 1"。

(12) 复制"图层 1"得到"图层 1 拷贝",按 Ctrl+T 快捷键进行自由变换,在选项栏中设置旋转的角度为 45°,按 Enter 键确认操作。然后按住 Ctrl 键的同时单击"图层 1 拷贝"的缩览图,将图形载入选区,并且为旋转后的图形填充白色,如图 6-23 所示。

(13) 将素材中的"文字.png"打开并放置到适合的位置,如图 6-24 所示。

图 6-23 旋转后的图形状态

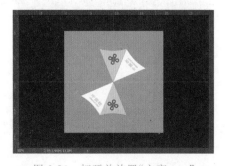

图 6-24 打开并放置"文字.png"

（14）将除了背景图层的其他图层合并并且复制，然后按 Ctrl＋T 快捷键进行变换，旋转 90°。最终效果如图 6-25 所示。

图 6-25　再次旋转后的效果图　　　　　　演示步骤视频及设计素材

（15）至此，文化伞绘制完成。按 Ctrl＋S 快捷键，将文件命名为"文化伞.psd"保存。

路径的创建和编辑

　　路径的工具主要包括了绘制路径的工具和编辑调整路径的工具。绘制路径的工具主要有钢笔工具、自由钢笔工具。编辑路径的工具主要有添加锚点工具、删除锚点工具、转换点工具、路径选择工具和直接选择工具。

1. 钢笔工具

　　钢笔工具 画出来的矢量图形称为路径，路径最大的特点就是容易编辑。路径是矢量的，允许是不封闭的开放状，如果把起点与终点重合绘制就可以得到封闭的路径。通过单击或拖动钢笔工具可以来创建直线和平滑流畅的曲线，组合使用钢笔工具和形状工具可以创建复杂的形状。

　　"钢笔工具"的使用方法介绍如下。

- 单击"钢笔工具"，将光标移动到图像窗口中，连续单击即可以创建由线段构成的路径，如图 6-26 所示。
- 曲线路径的绘制就是在起点按下鼠标左键之后不要松手，向上或向下拖曳出一条方向线后放手，然后在第二个锚点拖曳出一条向上或向下的方向线，如图 6-27 所示。
- 如果想绘制封闭路径时，则应把钢笔工具移动到起始点，当看到钢笔工具旁边出现一个小圆圈时单击，路径就封闭了，如图 6-28 所示。
- 如果在未闭合路径前按住 Ctrl 键，同时单击线段以外的任意位置，将创建不闭合的路径。借助于 Shift 键可以创建 45°角倍数的路径。

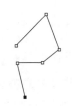

图 6-26　直线路径　　　　图 6-27　曲线路径　　　　图 6-28　闭合路径

钢笔工具的选项栏如图 6-29 和图 6-30 所示,在绘制一条路径或一个形状前,应在选项栏中指定建立一个新的形状图层或者建立一条新的工作路径,这个选择将影响编辑该形状的方式。

图 6-29 创建"路径"时"钢笔工具"的选项栏

图 6-30 创建"形状"时"钢笔工具"的选项栏

1)创建"路径"时的选项栏

■ 选择"路径":可以创建没有颜色填充的工作路径,并且"图层"面板中不会创建新的图层。

■ 单击"设置"按钮 ⚙ :可以弹出"橡皮带"选项,选中此功能后在移动鼠标创建路径时,图像中会显示鼠标移动的轨迹。

2)创建"形状"时的选项栏

■ 选择"形状":可以创建具有颜色填充的形状,此时"图层"面板中会自动生成新的形状图层,同时它会以"形状路径"形式出现在"路径"调板中,如图 6-31 和图 6-32 所示。

图 6-31 "图层"调板

图 6-32 "路径"调板

■ "填充"选项:单击该按钮,可以设置形状的填充颜色。

■ "描边"选项:可以为形状设置描边的颜色、粗细以及样式。

2. 自由钢笔工具

使用自由钢笔工具 ✒ 绘制路径时,系统会根据鼠标的轨迹自动生成锚点和路径。单击自由钢笔工具选项栏中的 ⌢ 图标可以启用磁性钢笔选项,可以根据图像中的边缘像素建立路径,如图 6-33 所示。可以定义对齐方式的范围和灵敏度,以及所绘路径的复杂程度。"磁性钢笔工具"和"磁性套索工具"有着相同的操作原理。

图 6-33　"启用磁性钢笔选项"

在实际操作中,往往很难一下绘制出完全符合要求的路径形状,这就需要通过调整路径中的线段、锚点和方向线对其进行更加精确的调整,这也是路径编辑不可缺少的部分。

3. 添加锚点工具和删除锚点工具

在"钢笔工具"选项栏中取消选中"自动添加/删除"选项后,单击工具箱中的添加锚点工具 ,可以在路径上添加锚点;单击工具箱中的删除锚点工具 ,可以删除路径上不需要的锚点。

4. 转换点工具

锚点可以分为角点和平滑点两种,如图 6-34 所示。转换点工具 ,可以实现平滑点与角点间的相互转换。

1）角点转换为平滑点

在角点上单击并拖动鼠标,可以将角点转为平滑点。

2）平滑点转换为角点

■ 直接单击平滑点,可将平滑点转换为没有方向线的角点。

■ 拖动平滑点的方向线,可将平滑点转换为具有两条相互独立的方向线的角点。

■ 按住 Alt 键的同时单击平滑点,可将平滑点转换为只有一条方向线的角点。

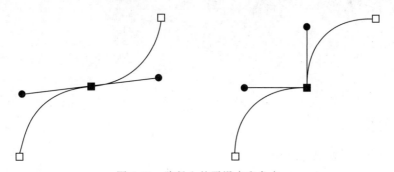

图 6-34　路径上的平滑点和角点

5. 路径选择工具

路径选择工具 ,可以用来选择一个或多个路径,然后对其进行移动操作。当按住 Alt 键的同时再使用路径选择工具拖放一条路径时将会复制这条路径。

6. 直接选择工具

直接选择工具 ,用来选取或修改一条路径上的线段,或者选择一个锚点并改变它的位置。此工具是绘制完路径之后用来修正和重新调整路径的基本工具。

直接选择工具的使用方法介绍如下。

- 单击工具箱中的直接选择工具,然后单击图像窗口中的路径,路径中的锚点将全部显示为空心的小方块,单击空心的锚点,可以将其选中,选中的锚点显示为实心。拖动选择的锚点,可以修改路径的形态。单击并拖动两个锚点间的线段,也可以调整路径的形态。
- 拖动平滑锚点两侧的方向点,可以改变其两侧曲线的形态;按住 Alt 键的同时拖动鼠标,可以改变平滑锚点一侧的方向;按住 Shift 键的同时拖动鼠标,可以使平滑点一侧的方向线按 45°角的整数倍进行调整。
- 按 Delete 键,可以删除选中的锚点及其相连的路径。

6.3 任务: 绘制青花瓷盘

任务要求

利用钢笔工具、椭圆工具、直接选择工具、渐变工具,绘制完成如图 6-35 所示的青花瓷盘。

图 6-35 青花瓷盘效果图

任务分析

- 利用钢笔工具绘制竹子图案。
- 利用椭圆工具和渐变工具绘制瓷盘。
- 将竹子图案和瓷盘进行整合并调整为适当大小、位置及图层混合模式。

制作流程

(1) 新建文档,宽度为 20 厘米,高度为 20 厘米,分辨率为 150 像素/英寸,颜色模式为 RGB 颜色,背景为白色。

(2) 将前景色设置为 60,88,210。选择钢笔工具 🖋️,在"钢笔"选项栏中选择"形状"并在图像编辑窗口中绘制图形,效果如图 6-36 所示。

(3) 复制"形状 1"图层,并将复制的图形放置到如图 6-37 所示的位置。

图 6-36　使用钢笔工具绘制竹节图形　　　　　图 6-37　复制"形状 1"图层并移动到适当位置

（4）重复上一步操作，再复制 6 个竹节图形，将复制的竹节错落排列成两列，效果如图 6-38 所示。

（5）选择钢笔工具 ，在"钢笔"选项栏中选择"形状"并从 A 点到 B 点绘制曲线，如图 6-39 所示。

（6）按下 Alt 键同时单击锚点 B，从而去掉锚点 B 的右侧控制点，效果如图 6-40 所示。

（7）在 C 点处创建锚点，调整好曲线弧度，效果如图 6-41 所示。

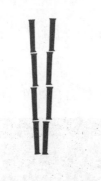

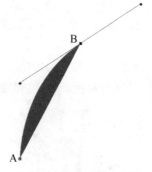

图 6-38　将复制的竹节错落排列成两列　　　　　图 6-39　绘制长竹叶曲线

图 6-40　去掉锚点 B 的右侧控制点　　　　　图 6-41　创建锚点 C

（8）重复第（6）步操作：按下 Alt 键同时单击锚点 C，从而去掉锚点 C 的下方的控制点，最后从锚点 C 连接锚点 A 将钢笔曲线闭合，如图 6-42 所示。

（9）重复第（5）步至第（8）步操作，创建更多长竹叶，效果如图 6-43 所示。

图 6-42　连接 C 点和 A 点将曲线闭合　　　图 6-43　用同样的方法再创建出其他长竹叶的效果图

(10) 接下来使用类似的方法再创建短竹叶,注意创建 E 点后按下 Alt 键同时单击 E 点,去掉右侧控制点,再连接 D 点将曲线闭合,如图 6-44 所示。

(11) 复制短竹叶,将三个短竹叶错落组合成一组,效果如图 6-45 所示。

图 6-44　创建短竹叶　　　　　图 6-45　将三个短竹叶错落组合成一组的效果图

(12) 将绘制的竹节、长竹叶、短竹叶复制整合并组合得到青花竹子图案,效果如图 6-46 所示。

(13) 新建文档,宽度为 20 厘米,高度为 20 厘米,分辨率为 150 像素/英寸,颜色模式为 RGB 颜色,背景为白色。使用"渐变工具"添加一个黑白渐变,效果如图 6-47 所示。

图 6-46　将元素组合得到青花竹子图案　　　　图 6-47　新建文档并填充渐变效果图

(14) 选择椭圆工具 ,绘制两个同心圆,效果如图 6-48 所示。

(15) 将前景色与背景色分别设置为 255,255,255 与 200,200,200,单击图层面板下方的 fx 按钮,选择"渐变叠加"命令,为大椭圆添加 45 度的渐变效果,渐变颜色选择前景色到背景色。大圆的"渐变叠加"参数设置如图 6-49 所示。

(16) 重复上一步操作为小椭圆添加"渐变叠加"效果,角度输入−135°,最后效果如图 6-50 所示。

(17) 使用椭圆工具绘制两个填充为"无",描边颜色为 60,88,210 的圆环,放置到如图 6-51 所示位置,混合模式设置为"正片叠底"。

图 6-48　绘制两个同心圆

图 6-49　大圆"渐变叠加"参数

图 6-50　为两个圆形添加渐变效果

图 6-51　绘制两个圆环并设置混合模式

（18）将绘制好的竹子图案合并，并拖曳到瓷盘文件中，调整大小及位置，并将混合模式设置为"正片叠底"，效果如图 6-35 所示。

（19）至此，青花瓷盘绘制完成。按 Ctrl＋S 快捷键，将文件命名为"青花瓷盘.psd"保存。

演示步骤视频及设计素材

"路径"面板

当用钢笔工具并使用路径绘图方式绘制路径后，可以在"路径"面板生成对应的工作路径。在 Photoshop 中有路径面板可以对路径进行转换、编辑、存储等操作。执行"窗口"→"路径"命令，即可弹出如图 6-52 所示的"路径"面板。要选择路径，可单击"路径"面板中相应的路径名。如要取消选择路径，则可单击路径面板中的灰色空白区域或按 Esc 键。

路径与选区之间的相互转换在 Photoshop 中是一个相当重要的内容。在选区不精确时，可以先将选区转换为路径，因为对路径的编辑要比编辑选区容易一些，然后再将处理之后的路径转换为选区。

1. 将路径转换为选区

■ 右击工作路径，从弹出的菜单中选择"建立选区"选项，可将路径转换为选区。

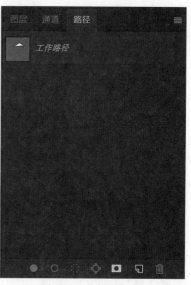

图 6-52　"路径"面板

■ 按住 Ctrl 键的同时单击"路径"面板中的工作路径,可将路径转换为选区。

■ 单击"路径"面板右上方的小三角,在弹出的下拉菜单中选择"建立选区"命令,如图 6-53 所示,即可将路径转换为选区。在这里可以通过弹出的"建立选区"对话框进行参数设置,如图 6-54 所示。

图 6-53 "路径"面板下拉菜单

图 6-54 "建立选区"对话框

2. 将选区转化为路径

■ 在"路径"面板中单击从选区生成工作路径 ◇ 按钮,可将选区转换为路径。

■ 单击路径调板右上方的小三角,在弹出的下拉菜单中选择"建立工作路径"命令,即可将选区转换为路径。在这里可以通过弹出的"建立工作路径"对话框进行容差的设置,如图 6-55 所示。

图 6-55 "建立工作路径"对话框

 **思考与实训**

一、填空题

1. 路径通常由一段或多段没有精度和大小之分的点、直线和_____组成,是不包含任何像素的矢量图形。

2. 要在平滑曲线转折点和直线转折点之间进行转换,可以使用_____工具。

3. 使用_____工具可以绘制各种形状的路径或形状,如绘制蝴蝶、太阳、王冠等。

4. 单击_____按钮,在绘制形状时不但可以建立一个路径,还可以建立一个形状图层。

5.结束制作路径的方法有两种,一种是_____,另一种是按_____键后,再单击路径外的任意位置。

6.可以在_____中将路径转化为选区。

7.矢量图形工具主要包括_____工具、_____工具、_____工具、_____工具、_____工具和_____工具。

8.路径是由多个节点组成的_____,放大或缩小图像对其_____影响。

9.工作路径是一种_____,不随图像文件保存,在建立一个新的工作路径的同时,原有的工作路径将被_____。

二、上机实训

1.利用路径工具和命令,绘制如图 6-56 所示的学生图标。

图 6-56　学生图标

2.利用路径工具和命令,绘制如图 6-57 所示的灯笼图标。

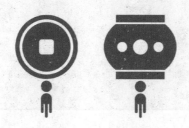

图 6-57　灯笼图标

 仿手绘水彩装饰画的制作

7.1 任务：仿手绘水彩装饰画制作

任务要求

利用滤镜及图层混合模式，完成如图 7-1 所示的水彩装饰画的效果。

图 7-1 仿手绘水彩装饰画效果图

任务分析

- 利用 Shift＋Ctrl＋L 快捷键设置自动色阶。
- 利用 Ctrl＋J 快捷键复制图层。
- 利用"滤镜"→"模糊"→"高斯模糊"命令调节画面。

■ 利用"滤镜库"对话框"艺术效果"展卷栏中的"水彩"选项调节画面。

■ 利用"滤镜"→"模糊"→"特殊模糊"命令调节画面。

■ 设置图层属性,选择图层的混合模式"叠加"得到所需要的效果。

 制作流程

(1) 执行"文件"→"打开"命令,打开素材盘中的"素材 7-1.jpg"文件,如图 7-2 所示。

(2) 执行"图像"→"调整"→"亮度/对比度"命令,在打开的"亮度/对比度"对话框中调整"亮度"为 60,效果图如图 7-3 所示。

图 7-2　打开素材

图 7-3　调亮画面

(3) 按 Shift+Ctrl+L 快捷键设置自动色调,使素材图片效果更佳。

(4) 按 Ctrl+J 快捷键复制图层,得到"背景"和"图层 1"两个一样的图层;选中图层 1,执行"滤镜"→"模糊"→"高斯模糊"命令,打开"高斯模糊"对话框,将画面调节成半径为 6.0 像素的模糊效果,如图 7-4 所示。

图 7-4　"高斯模糊"对话框

（5）选择"滤镜库"对话框"艺术效果"展卷栏中的"水彩"选项，设置"画笔细节"为10、"阴影强度"为0、"纹理"为1，参数设置如图7-5所示；添加后的水彩效果图如图7-6所示。

（6）选中背景图层，执行"滤镜"→"模糊"→"特殊模糊"命令，打开"特殊模糊"对话框，将画面调节成"半径"为5.0、"阈值"为100、"品质"为高、模式正常的模糊效果，如图7-7所示。

（7）选定图层1，设置图层1混合模式为"叠加"，得到仿手绘水彩画效果图如图7-1所示。

演示步骤视频及设计素材

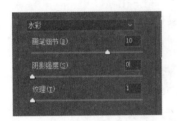

图7-5 "水彩"参数设置

图7-6 水彩设置后的效果

图7-7 "特殊模糊"对话框

7.2 任务：水墨效果

任务要求

利用"图像调整"功能和滤镜，完成如图7-8所示的水墨荷花效果。

图7-8 水墨荷花效果图

任务分析

- 利用 Ctrl＋I 快捷键反相。
- 利用 Ctrl＋E 快捷键向下合并图层。
- 利用"滤镜库"对话框"画笔描边"展卷栏中的"喷溅"选项完成荷叶水墨效果。

制作流程

（1）执行"文件"→"打开"命令或按 Ctrl＋O 快捷键，打开"素材 7-2.jpg"文件，如图 7-9 所示。

（2）执行"图像"→"调整"→"阴影/高光"命令，打开"阴影/高光"对话框，参数设置如图 7-10 所示。

（3）执行"图像"→"调整"→"黑白"命令，打开"黑白"对话框，参数设置如图 7-11 所示。

（4）单击工具箱中的魔棒工具，设置"容差"为 20，按住 Shift 键的同时选中图片深色背景区域，执行"图像"→"调整"→"反相"命令，得到白色背景的图画，取消选区，如图 7-12 所示。

图 7-9　打开素材

图 7-10　"阴影/高光"参数设置

图 7-11　"黑白"参数设置

图 7-12　白色背景的图画

（5）选定背景图层，按 Ctrl＋J 快捷键两次复制背景图层；选中图层 1 拷贝图层，将该图层的混合模式设置为"颜色减淡"，并按 Ctrl＋I 快捷键反相。执行"滤镜"→"其他"→"最小值"命令，打开"最小值"对话框，设置半径为 1 像素，得到图像的线稿，如图 7-13 所示。按 Ctrl＋E 快捷键向下合并图层，设置图层混合模式为"柔光"，效果图如图 7-14 所示。

图 7-13　添加滤镜"最小值"效果图　　　　图 7-14　设置混合模式"柔光"效果图

（6）再次复制背景图层，执行"滤镜"→"杂色"→"蒙尘与划痕"命令，在打开的"蒙尘与划痕"对话框中设置"半径"为 5 像素、"阈值"为 1 色阶，如图 7-15 所示。设置该图层的图层混合模式为"叠加"。

（7）选中背景图层，执行"滤镜"→"滤镜库"命令，在打开的"滤镜库"对话框的"画笔描边"展卷栏中选择"喷溅"选项，设置"喷色半径"为 6、"平滑度"为 5，如图 7-16 所示。

图 7-15　"蒙尘与划痕"参数设置　　　　　图 7-16　"喷溅"参数设置

（8）设置前景色为＃ff0066，在背景图层上方添加一新图层，利用磁性套索工具选中荷花的区域，按 Alt＋Delete 快捷键填充前景色；设置该图层的图层混合模式为"正片叠底"，取消选区，如图 7-17 所示。按 Ctrl＋E 快捷键向下合并图层。

（9）打开"素材 7-3.jpg"，利用移动工具将图像移至合适的位置，选定荷香图层，将图层的混合模式设置为"正片叠底"。

演示步骤视频及设计素材

（10）打开"素材 7-4.jpg"，利用移动工具将图像移至合适的位置，按 Ctrl＋T 快捷键，将印章调至合适的大小。

（11）在所有图层最上方添加一个新图层，设置前景色为♯e6c8a0，设置图层混合模式为"正片叠底"，得到一幅生动的水墨写意荷花，完成效果图的制作，如图 7-8 所示。

图像调整

1. 色阶

"色阶"表示一副图像的高光、暗调和中间调的分布情况，并能对其进行调整。其作用是当一幅图像的明暗效果过黑或过白时，可以使用"色阶"命令来调整图像中各个通道的明暗程度，常用于调整黑白图像。

执行"图像"→"调整"→"色阶"命令，或按 Ctrl＋L 快捷键，弹出"色阶"对话框，如图 7-18 所示。

图 7-17　给荷花上色

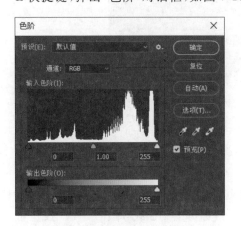

图 7-18　"色阶"对话框

- 通道：用来选择需要调整色阶的通道。
- 输入色阶：在"输入色阶"对应的文本框中输入数值或拖动相应的滑块，可分别调整图像的暗部、中间调或高光部分的色调。
  - 暗部：在左侧文本框中输入 0～255 之间的数值或者拖动相应的滑块可调整图像暗部的色调，数值越大，图像暗调的区域变得越暗。
  - 中间调：在中间文本框中输入 0.01～9.99 之间的数值或者拖动相应的滑块可调整图像中间调部分的色调，数值越大，图像中间调的区域变得越亮。
  - 高光：在右侧文本框中输入 2～255 之间的数值可调整图像高光部分的色调，数值越小，图像高光区域变得越亮。
- 输出色阶：在"输出色阶"对应的文本框中输入数值 0～255 或拖动相应的滑块可分别调整图像暗部或亮部的色调。其中，左侧滑块向右移动，可使图像较暗的区域变亮；右侧滑块向左移动，可使图像较亮的区域变暗。
- 三个吸管工具 ![吸管图标]：利用设置黑场、设置灰场、设置白场三个吸管工具可准确地设置图像的阴影、中间调和高光范围，可有效矫正图像的偏色。
  - 设置黑场吸管工具用于设置图像的阴影范围。
  - 设置灰场吸管工具用于设置图像的中间调范围。

- 设置白场吸管工具用于设置图像的高光范围。
- "自动"按钮:单击该按钮可以将图像中最亮的像素变成白色,最暗的像素变成黑色,这样可增大图像的对比度,使图像亮度分布更均匀,但容易造成偏色。
- "复位"按钮:若设置的不满意,可按住 Alt 键,此时"取消"按钮会切换为"复位"按钮,单击该按钮,对话框恢复到打开时的状态。

2. 曲线

使用"曲线"命令不但可以调整图像的色调,还可以调整图像的对比度和色彩。

执行"图像"→"调整"→"曲线"命令,或按 Ctrl+M 快捷键,弹出"曲线"对话框,如图 7-19 所示。

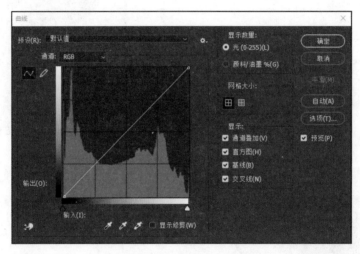

图 7-19 "曲线"对话框

- 曲线工具 :选中该工具后,在曲线上单击可产生一个节点,拖动该节点或在"输入""输出"文本框中输入适当的数值(0～255),即可改变曲线的形状。利用该工具拖动高光、中间调、阴影三个节点可对应调整图像中高光、中间调、阴影区域的色调。默认情况下,曲线向左上方弯曲时,图像变亮;曲线向右下方弯曲时,图像变暗。
- 铅笔工具 :选择该工具后,在曲线表格中拖动鼠标可绘制曲线,单击"平滑"按钮可使绘制的曲线变得平滑。
- 显示数量。
  - 光(0～255)表示在图表中按照加色的模式显示输入、输出明暗条及图像的直方图,在该状态下,曲线向左上方弯曲时图像变亮,曲线向右下方弯曲时图像变暗。
  - 颜料/油墨%表示按照减色的模式来显示输入、输出明暗条及图像的直方图,在该状态下,曲线向左上方弯曲时图像变暗,曲线向右下方弯曲时图像变亮,与光(0～255)完全相反,如图 7-20 所示。

3. 亮度/对比度

使用"亮度/对比度"命令可以方便地调整图像的亮度和对比度。

执行"图像"→"调整"→"亮度/对比度"命令,打开"亮度/对比度"对话框,如图 7-21 所示。

- 亮度：用来控制图像的明暗度，取值范围为 −150～150。
- 对比度：用来控制图像的对比度，取值范围为 −50～100。

4. 曝光度

使用"曝光度"命令可以对照相时曝光不足或曝光过度的图像进行调整。

执行"图像"→"调整"→"曝光度"命令，打开"曝光度"对话框，如图 7-22 所示。

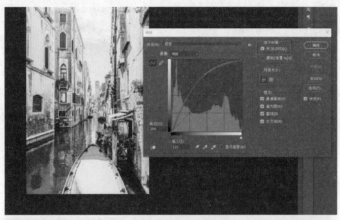

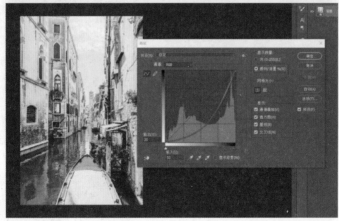

图 7-20　"显示数量"选项对比图

图 7-21　"亮度/对比度"对话框

图 7-22　"曝光度"对话框

- 曝光度：主要用来控制图像高光区域的色调，取值范围为 −20～20。
- 位移：主要用来控制图像阴影和中间调区域的色调，取值范围为 −0.5～0.5。

■ 灰度系数矫正：用来设置高光和阴影之间的差异，取值范围为 0.01～9.99。

5. 阴影/高光

使用"阴影/高光"命令主要用于矫正在强逆光条件下拍摄的照片，或矫正由于太接近相机闪光灯而有些发白的焦点。该命令不是简单地使图像变亮或变暗，而是基于阴影或高光的局部相邻像素使图像增亮或变暗。

执行"图像"→"调整"→"阴影/高光"命令，打开"阴影/高光"对话框，如图 7-23 所示。

■ 数量：用于调整光照矫正量。

■ "阴影"中的"数量"：比值越大，表示图像中阴影区域提供的增亮程度越大。

■ "高光"中的"数量"：比值越大，表示图像中的高光区域提供的变暗程度越大。

6. 色相/饱和度

使用"色相/饱和度"命令可以调整图像整体或图像中特定颜色范围的色相、饱和度及亮度。

执行"图像"→"调整"→"色相/饱和度"命令，打开"色相/饱和度"对话框，如图 7-24 所示。

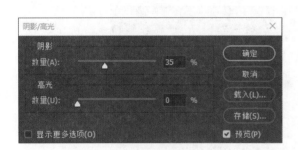
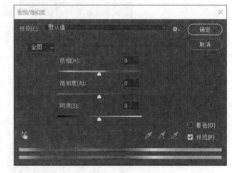

图 7-23 "阴影/高光"对话框　　　　　　　　图 7-24 "色相/饱和度"对话框

■ "全图"下拉列表框：用来设置调整的颜色范围，可以选择全图，也可选择单个的颜色。

■ 色相：用于更改图像整体或所选颜色的色相。

■ 饱和度：用于更改图像整体或所选颜色的浓度。

■ 明度：用于更改图像整体或所选颜色的明暗度。

■ 三个吸管工具：选择全图之外的选项时，三个吸管工具被置亮，并且在吸管左侧显示了 4 个数值，这 4 个数值分别对应于其下方颜色条上的 4 个游标，如图 7-25 所示。4 个游标及三个吸管工具都是为改变要调整的颜色范围而设定的。使用吸光工具 在图像上单击，可选定一种颜色作为色彩变化的范围。使用添加到取样工具 在图像上单击，可在原有色彩范围的基础上添加当前单击的颜色。使用从取样中减去工具 在图像上单击，可在原有色彩范围的基础上减去当前单击的颜色。

■ "着色"复选框：选中该复选框后，灰度或黑白颜色的图像将变为单一颜色的彩色图像，原来的彩色图像也将被转换为单一色彩的图像。

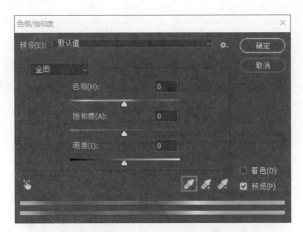

图 7-25　三个吸管工具被置亮

7. 去色

使用"去色"命令会将图像中的彩色信息丢掉,变为当前颜色模式下的灰度图像。

执行"图像"→"调整"→"去色"命令后,当前图像即去掉所有的颜色信息变为灰度图像,如图 7-26 所示。

去色前　　　　　　　　　　　去色后

图 7-26　去色前后图像效果对比

8. 黑白

使用"黑白"命令可以将彩色图像转换为灰度图像,也可将图像调整为单一色彩的彩色图像。

执行"图像"→"调整"→"黑白"命令,打开"黑白"对话框,如图 7-27 所示。

- 预设:该下拉列表框用于选择预定义的灰度混合模式,若选择"默认值",则图像效果与"去色"效果相同。

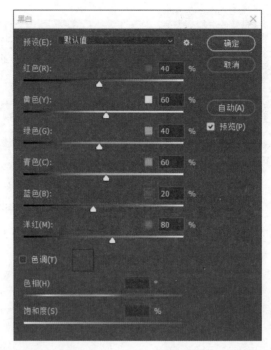

图 7-27 "黑白"对话框

图 7-27 "黑白"对话框

- 各颜色滑块：用于调整图像中特定颜色的灰度级。
- "色调"复选框：若选中该复选框，则"色相""饱和度"滑块被激活，利用这两个滑块可将图像调整为单一色彩的彩色图像。

9. 反相

使用"反相"命令可以将图像中所有像素的颜色变成其互补色，产生照相底片的效果。连续执行两次"反相"命令，图像先反相后还原。

执行"图像"→"调整"→"反相"命令后，当前图像转变成底片效果，如图 7-28 所示。

反相前　　　　　　　　　　反相后

图 7-28 反相前后图像效果对比

7.3 任务：仿手绘钢笔淡彩画制作

 任务要求

利用图像调整及滤镜功能，完成如图 7-29 所示的钢笔淡彩装饰画的效果。

图 7-29 钢笔淡彩画效果图

 任务分析

- 利用 Ctrl+J 快捷键复制图层。
- 利用"黑白"命令给画面调整去色。
- 利用"滤镜"→"杂色"→"蒙尘与划痕"命令调节画面。
- 利用"滤镜"→"风格化"→"查找边缘"命令得到画面线稿。
- 利用"滤镜"→"模糊"→"特殊模糊"命令调节画面。

制作流程

(1) 执行"文件→打开"命令或按 Ctrl+O 快捷键，打开素材包中的"素材 7-5.jpg"。

(2) 按 Ctrl+J 快捷键复制两张背景图层，并选中最上面的图层，如图 7-30 所示。

(3) 执行"图像"→"调整"→"黑白"命令，在打开的"黑白"对话框中设置参数为红色(R)为−31%、黄色(Y)为 15%、绿色(B)为 261%、青色(C)为 0、蓝色(B)为 0、洋红(M)为−22%，如图 7-31 所示。

(4) 执行"滤镜"→"风格化"→"查找边缘"命令，如图 7-32 所示。这样就得到了较为粗糙的线描效果，如图 7-33 所示。

(5) 执行"图像"→"调整"→"亮度/对比度"命令，在打开的"亮度/对比度"对话框中调整"亮度"为 150、"对比度"为 0，如图 7-34 所示。将该图层的图层混合模式设为"叠加"。

(6) 选中中间图层，执行"滤镜"→"杂色"→"蒙尘与划痕"命令，在打开的"蒙尘与划痕"对话框中，设置"半径"为 25、"阈值"为 0，如图 7-35 所示。将该图层的图层混合模式设为"正片叠底"。暂时隐藏上面两个图层。

图 7-30　复制图层

图 7-31　调亮画面

图 7-32　"查找边缘"滤镜

图 7-33　"查找边缘"效果图

图 7-34　调整亮度/对比度

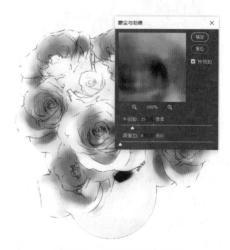

图 7-35　设置蒙尘与划痕

（7）选中"背景"图层，执行"滤镜"→"模糊"→"特殊模糊"命令，在弹出的"特殊模糊"对话框中将画面调节成"半径"为 50、"阈值"为 100、"品质"为高、"模式"为"正常"的模糊效果，如图 7-36 所示。

（8）将上两个图层显示出来，如图 7-37 所示。一幅钢笔淡彩装饰画就制作好了。

演示步骤视频及设计素材

图 7-36　特殊模糊

图 7-37　最终效果

7.4　任务：仿手绘油画制作

任务要求

利用历史记录艺术画笔和历史记录画笔及滤镜的功能，完成如图 7-38 所示的油画效果。

图 7-38　仿手绘油画效果图

任务分析

- 使用历史记录画笔工具和历史记录艺术画笔工具。
- 利用 Ctrl＋J 快捷键复制图层。
- 利用"图层混合模式"→"柔光"命令得到效果。
- 利用"滤镜"→"滤镜库"→"艺术效果"→"底纹效果"命令给画面增加底纹。
- 利用"图层混合模式"→"叠加"命令得到效果。

制作流程

（1）执行"文件"→"打开"命令或按 Ctrl＋O 快捷键，打开"素材 7-6.jpg""素材 7-7.jpg"，将机理"素材 7-7.jpg"拖入人物素材中，执行"编辑"→"自由变换"命令或按 Ctrl＋T 快捷键将其调整至合适大小。将图层 1 的图层混合模式设置为"柔光"。

（2）选择画笔工具，单击画笔预设右边的下三角 ，在弹出的快捷菜单中选择"载入画笔"，将素材中的"圆形素描圆珠笔.abr"画笔导入。

（3）在背景图层上面加一个空图层，暂时将背景图层隐藏。在工具栏中找到历史记录艺术画笔工具 ，设置画笔笔触为硬边圆 ，单击画笔设置 ，将"画笔笔尖形状"设置为"圆形素描圆珠笔"，大小 50 像素、不透明度为 60％、样式为"绷紧短"，在空图层画出画面的基本笔触，如图 7-39 所示。

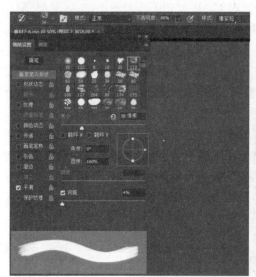

图 7-39　基本笔触和效果

（4）将历史记录艺术画笔工具的笔触设置为大小 50 像素、不透明度为 100％、样式为"轻涂"，沿着大树边缘和人物边缘上画出人物部分更像油画的笔触。效果如图 7-40 所示。

（5）使用历史记录画笔工具，如图 7-41 所示，设置笔触为"柔边圆"，大小为 50 像素、硬度为 100、不透明度为 30％、流量为 50％，仔细画出人物图像的细节。将该图层的图层混合模式设置为"叠加"。效果如图 7-42 所示。

图 7-40　样式为"轻涂"历史记录艺术画笔工具效果

图 7-41　历史记录画笔工具

图 7-42　历史记录画笔工具效果图

（6）选中显示背景图层，将背景图层解锁，执行"滤镜→滤镜库"命令，如图 7-43 所示，在滤镜库中选择"艺术效果"→"底纹效果"命令，设置参数画笔大小为 9，纹理覆盖为 5，纹理为"画布"，缩放为 200％，凸现为 8，光照为"上"。参数设置如图 7-44 所示，效果如图 7-45 所示。

（7）将背景图层不透明度设置为 20％，这样我们就得到了一幅艺术感十足的如图 7-38 所示的油画作品。

演示步骤视频及设计素材

图 7-43　滤镜库菜单

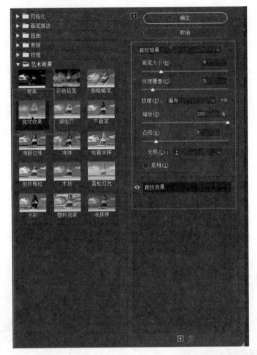

图 7-44 "底纹效果"参数设置

图 7-45 使用滤镜底纹效果得到的图像

7.4.1 画笔工具组

画笔工具组包括画笔工具、铅笔工具、颜色替换工具、混合器画笔工具四种，如图 7-46 所示。

图 7-46 画笔工具组

1. 画笔工具

使用"画笔工具"可利用前景色来绘制预设的画笔笔尖图案或不太精确的线条。选择该工具后，在工具选项栏中设置好各选项，在图像窗口中单击或拖动鼠标，即可绘制相应的图案或线条；若要绘制水平或垂直的线条，则可按住 Shift 键再拖动鼠标。"画笔工具"的选项栏如图 7-47 所示。

图 7-47 "画笔工具"选项栏

- 画笔预设管理器 ：单击该按钮,可打开"画笔预设"选取器,如图 7-48 所示,在其中可设置画笔笔尖的形状、主直径大小及硬度等。

图 7-48 "画笔预设"选取器

- "切换画笔面板"按钮 ：单击该按钮,可打开"画笔"面板,面板被大致分成三个区:画笔预设区、笔刷形状区和预览区,如图 7-49 所示。
  - 画笔笔尖形状:单击该项目,修改画笔笔刷的形状、大小、硬度等参数可绘制虚线线段,如图 7-50 所示。

图 7-49 "画笔"面板图　　　　图 7-50 "画笔笔尖形状"对话框

- 形状动态:单击该项目,在绘制图形时随着鼠标的移动不断调整笔刷形状的选项,它使绘制的图形出现一种抖动效果,如图 7-51 所示。
- 散布:单击该项目,可以改变笔尖的位置和数目,如图 7-52 所示。

图 7-51 "形状动态"对话框

图 7-52 "散布"对话框

● 颜色动态:单击该项目,可以设置绘制图形的颜色变化,如图 7-53 所示。

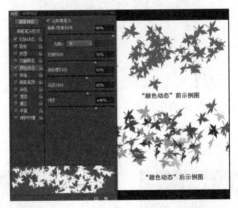

图 7-53 "颜色动态"对话框

2. 铅笔工具

"铅笔工具"的使用方法与"画笔工具"的使用方法基本相同,只是"铅笔工具"绘制的图像边缘比较僵硬且有棱角。"铅笔工具"选项栏如图 7-54 所示。

图 7-54 "铅笔工具"选项栏

"自动抹除"复选框:选中该复选框,当笔尖起点的颜色与当前的前景色一致时,用背景色来绘画;否则,用前景色来绘画。

3. 颜色替换工具

使用"颜色替换工具"在图像中拖动鼠标,可以用前景色取代鼠标经过位置的目标颜色,"颜色替换工具"选项栏如图 7-55 所示。

- "模式"下拉列表框:用于设置替换颜色时的混合模式,该下拉列表框中有 4 个选项: 色相、饱和度、颜色、明度。
- 取样模式。

图 7-55　"颜色替换工具"选项栏

- "连续" ：选中该选项，则鼠标经过位置的颜色均被取样为目标颜色并被替换。
- "一次" ：选中该选项，则只将鼠标落点处的颜色取样为目标颜色，与该颜色在容差范围内的颜色才能被替换。
- "背景色板" ：选中该选项，则在鼠标拖动的过程中只替换与当前背景色在容差范围内的颜色。

4. 混合器画笔工具

选择"混合器画笔工具"后，可以利用选定的画笔笔尖形状，配合设定的混合画笔组合方式，在图像中拖动鼠标进行描绘，产生具有实际绘画的艺术效果。"混合器画笔工具"选项栏如图 7-56 所示。

图 7-56　"混合器画笔工具"选项栏

- "当前画笔载入" ：用来设置使用时载入画笔与清除画笔。
- "每次描边后载入画笔"选项 ：若选择该项，则每次绘制完成松开鼠标后，系统会自动载入画笔。
- "每次描边后清理画笔"选项 ：若选择该项，则每次绘制完成松开鼠标后，系统会自动清除之前的画笔。
- "有用的混合画笔组合" 自定 ：用来设置不同的混合画笔组合效果。

7.4.2　历史记录画笔工具组

历史记录画笔工具组中有两个工具，如图 7-57 所示。

1. 历史记录画笔工具

"历史记录画笔工具组"与"历史记录"面板结合使用，可以将图像部分或完全地恢复到"历史记录"面板中某一历史记录的状态。"历史记录画笔工具"选项栏如图 7-58 所示。

图 7-57　历史记录画笔工具组

图 7-58　"历史记录画笔工具"选项栏

2. 历史记录艺术画笔工具

"历史记录艺术画笔工具"的使用方法与"历史记录画笔工具"基本相同，只是在用"历史记录艺术画笔工具"将图像的某一区域恢复到历史记录画笔源的状态时，会附加特殊的艺术处理效果。"历史记录艺术画笔工具"选项栏如图 7-59 所示。

图 7-59 "历史记录艺术画笔工具"选项栏

思考与实训

一、填空题

1. 打开"色阶"对话框的快捷键是_____。在该对话框中,"输入色阶"左边的文本框数值增大,则图像变_____;右边的文本框数值减小,则图像变_____。

2. 打开"曲线"对话框的快捷键是_____。在该对话框中,改变曲线形状的工具有两种,分别是_____和_____;"显示数量"选定"光(0~255)"时,曲线向左上方弯曲时图像变_____,曲线向右下方弯曲时图像变_____。

3. 使用_____命令可以对照相时曝光不足或曝光过度的图像进行调整。在该对话框中,_____主要用来控制图像高光区域的色调;_____主要用来控制图像阴影和中间调区域的色调。

4. 使用_____命令主要用于校正在强逆光条件下拍摄的照片。在该对话框中,阴影的"数量"增大,则图像变_____。

5. 使用_____命令可以调整图像整体或图像中特定颜色范围的色相、饱和度及亮度。在该对话框中,选中_____复选框,则图像会变成单一色彩的图像。

6. 连续两次执行_____命令,可使图像先反色后还原。

7. 画笔工具组包括_____、_____、_____和_____四种。

8. 画笔工具中,打开画笔面板,通过_____可以设置绘制图形的颜色变化。

9. 画笔工具中,打开画笔面板,通过_____可以改变笔尖的位置和数目。

10. 使用_____工具绘制的图像边缘比较僵硬且有棱角。

二、上机实训

利用扭曲滤镜和图层的复制叠加制作如图 7-60 所示高光漩涡效果。

图 7-60 高光漩涡效果图

综合实训

综合实训1：逐梦太空海报制作

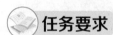 **任务要求**

本案例主要运用一些素材图片，创意并制作一个逐梦太空主题海报。效果如图 8-1 所示。

图 8-1　效果图

任务分析

- 应用创建新的填充或调整图层添加渐变映射。
- 利用图层混合模式创建背景。
- 利用色相/饱和度、色彩平衡等模式调整图片色彩。
- 利用文字工具添加文字。
- 利用剪贴蒙版的功能创建剪切效果。

■ 利用图层样式为图片添加立体效果。

■ 应用快速选择工具进行图片抠取。

制作流程

(1) 新建文件,文件名称为"航天海报制作","宽度"为 787 毫米,"高度"为 1092 毫米,"分辨率"为 72 像素/英寸,"颜色模式"为 RGB 颜色,"背景内容"为白色,参数设置如图 8-2 所示。

(2) 为背景添加由蓝到白的渐变,选中"反向"复选框,设置效果如图 8-3 和图 8-4 所示。

图 8-2　新建文件　　　　　图 8-3　渐变映射　　　　　　　图 8-4　色彩数值

(3) 导入"云层.jpg"和"星空.tif"素材,将渐变图层混合模式改为"正片叠底",设置效果如图 8-5 和图 8-6 所示。

图 8-5　图层混合模式　　　　　　　　图 8-6　图层位置

(4) 为图层添加"色相/饱和度"(色相:-4,饱和度:49,明度:15),设置效果如图 8-7 和图 8-8 所示。

图 8-7　色相/饱和度　　　　　　　　图 8-8　色彩效果 1

（5）为图层添加"色彩平衡"（青色:2,洋红:27,黄色:51）,设置效果如图 8-9 和图 8-10 所示。

图 8-9 色彩平衡   图 8-10 色彩效果 2

（6）为图层添加"曲线",调整画面背景的明暗关系,设置效果如图 8-11 和图 8-12 所示。

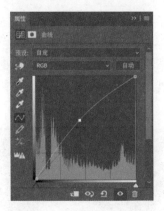 

图 8-11 曲线调整 1   图 8-12 调整效果

（7）依次为"云层.jpg"和"星空.tif"添加图层蒙版,选择画笔工具,前景色设置为黑色,调整不透明度为 45%,流量为 31%,设置效果如图 8-13 所示。

图 8-13 图层蒙版

（8）导入"月球.jpg"素材，将图层混合模式调整为"滤色"，调整大小和位置，效果如图 8-14 和图 8-15 所示。

图 8-14　图层混合模式　　　　　　　　　图 8-15　　滤色效果

（9）导入"火箭.png"素材，调整火箭大小，按住 Ctrl 键的同时选中"火箭.png"和"背景"，选择上方的"居中对齐"按钮 ┣╀╂╴┫╤╧ 调整位置，并添加"曲线"调整，将"火箭.png"的亮度调高，按 Ctrl＋Alt＋G 快捷键创建剪贴蒙版，设置效果如图 8-16 和图 8-17 所示。

图 8-16　曲线调整 2　　　　　　　　　　图 8-17　　亮度效果

（10）导入"星光.jpg"素材，将"图层混合模式"改为"滤色"，按 Ctrl＋T 快捷键变换大小和位置，效果如图 8-18 所示。

（11）将"星光.jpg"图层拖曳到创建新图层按钮上 ∞ fx ▣ ⊘ ▤ ꓬ 面，复制两次，按 Ctrl＋T 快捷键旋转并变换位置和方向，效果如图 8-19 和图 8-20 所示。

（12）导入"宇航员 2.jpg"素材，双击图层解锁背景，使用"快速选择工具" ✎ 抠取图像，利用"添加到选区"和"从选区中减去"（输入法在英文状态下，使用"[ ]"调整笔触大小），进行细节调整，效果如图 8-21 所示。

（13）将抠取完成的"宇航员 2.jpg"导入到"效果图"中，并调整位置和大小，为图层添加曲线效果。创建剪贴蒙版，按住 Alt 键将"宇航员 2.jpg"复制一层，并调整位置和大小，效果如图 8-22 所示。

图 8-18　星光效果 1

图 8-19　调整图层位置

图 8-20　星光效果 2

图 8-21　用快速选择工具抠图 1

图 8-22　添加宇航员效果图 1

（14）导入"宇航员 1.jpg"素材，双击图层解锁背景，使用"快速选择工具"抠取图像，将"宇航员 1.jpg"导入到"效果图"中并调整位置，使用图层样式 fx 添加投影，右击"宇航员 1.jpg"，在弹出的快捷菜单中选择"拷贝图层样式"，右击"宇航员 2.jpg"和"宇航员 3.jpg"，在弹出的快捷菜单中选择"粘贴图层样式"，为宇航员添加投影，效果如图 8-23 和图 8-24 所示。

图 8-23　用快速选择工具抠图 2

图 8-24　添加宇航员效果图 2

（15）导入"卫星.png"素材，调整大小和位置，右击"卫星.png"图层，在弹出的快捷菜单中选择"粘贴图层样式"，为卫星添加投影，增添立体感，设置效果如图 8-25 和图 8-26 所示。

图 8-25　导入"卫星"

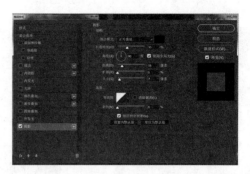

图 8-26　"投影"设置

（16）导入"航天精神.png"素材，调整大小，选中"航天精神.png"和"背景"，选择上方的"居中对齐"按钮 调整位置，效果如图 8-27 所示。

（17）选择图层面板下方的"图层样式" *fx* ，为"航天精神.png"图层添加"渐变叠加"，将其颜色的 RGB 值分别设为（64、137、201）和（13、56、115），设置效果如图 8-28～图 8-30 所示。

图 8-27　调整文字位置

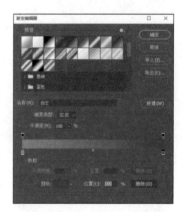

图 8-28　实色填充

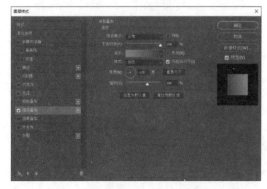

图 8-29　选项设置

图 8-30　调整文字效果

（18）继续选择图层面板下方的"图层样式" 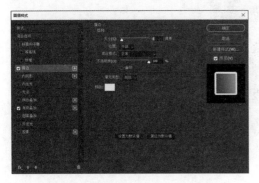 ，为文字添加"描边"（R：255，G：249，B：154）和"投影"，设置效果如图 8-31～图 8-33 所示。

（19）使用矩形工具，取消描边，绘制文字框 1 并调整填充色彩（R：44，G：126，B：211），设置效果如图 8-34 和图 8-35 所示。

（20）按住 Alt 键复制文字框并移动位置，关闭填充，并调整描边的数值，效果如图 8-36 所示。

图 8-31　设置描边

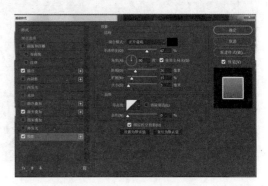

图 8-32　设置投影

图 8-33　投影效果

图 8-34　颜色设置

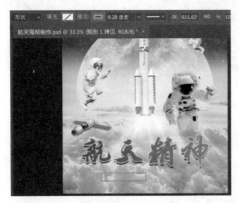

图 8-35　文字框

图 8-36　填充效果

（21）输入文字"同舟共济"，字体为"微软雅黑"，按 Ctrl＋T 快捷键调整文字大小，右击"航天精神"图层，在弹出的菜单中选择"拷贝图层样式"，右击"同舟共济"，在弹出的菜单中选择"粘贴图层样式"，调整相应投影数值，设置效果如图 8-37 和图 8-38 所示。

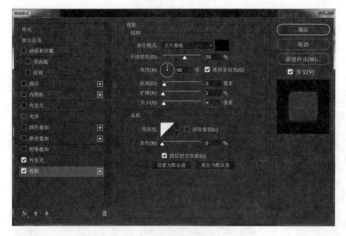

图 8-37　设置图层样式 1　　　　　　　　　　　　图 8-38　文字效果 1

（22）输入文字"团结协作"，按 Ctrl＋T 快捷键调整文字大小，右击"航天精神"与层，在弹出的菜单中选择"拷贝图层样式"，右击"团结协作"，在弹出的菜单中选择"粘贴图层样式"，调整相应数值，效果如图 8-39 和图 8-40 所示。

（23）输入直排文字"弘扬航天精神 拥抱星辰大海"，在"窗口"菜单中选择"字符"，调出"字符"面板，为文字添加下划线，并调整字间距和行间距，保存文件，效果如图 8-1 所示。

演示步骤视频及设计素材

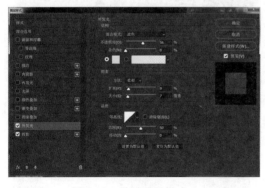

图 8-39　设置图层样式 2　　　　　　　　　图 8-40　文字效果 2

综合实训 2：变形金刚电影海报制作

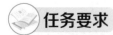 任务要求

本案例主要利用蒙版和图层样式，制作电影海报，效果如图 8-41 所示。

图 8-41　电影海报

任务分析

- 通过图层蒙版和剪贴蒙版制作背景效果。
- 利用选区加减和羽化绘制图形。
- 通过图层样式制作立体效果。
- 通过图层混合模式制作光照效果。
- 利用变换扭曲调整图片大小,制作人物影子。
- 通过图层缩略图选中图层并填充。

制作流程

(1) 新建文件,文件名称为"变形金刚海报制作","宽度"为 787 毫米,"高度"为 1092 毫米,"分辨率"为 72 像素/英寸,"颜色模式"为 RGB 颜色,"背景内容"为白色的图像文件,参数设置如图 8-42 所示。

(2) 为背景添加由蓝(R:4,G:28,B:50)到黑(R:0,G:0,B:0)的渐变,选择径向渐变,效果如图 8-43 所示。

(3) 导入"云 2.jpg"和"云.jpg"素材,按 Ctrl+T 快捷键调整大小并变换位置,效果如图 8-44 所示。

(4) 选择图层面板下方的"创建新的填充或调整图层",为"云.jpg"添加"色相/饱和度"效果(色相:-13,饱和度:-96,明度:15),调整照片色彩,创建剪贴蒙版(按 Ctrl+Alt+G 快捷键),效果如图 8-45 所示。

(5) 继续为"云 2.jpg"添加"色相/饱和度"效果(色相:-13,饱和度:-96,明度:15),调整照片色彩,创建剪贴蒙版(按 Ctrl+Alt+G 快捷键),效果如图 8-46 所示。

(6) 为"图层 2"添加蒙版,使用画笔工具,调整不透明度为 42,流量为 42,前景色设置为黑色,使图层边缘与背景相融合,效果如图 8-47 所示。

(7) 导入"城市.png"素材,调整大小和位置,按住 Alt 键,复制"图层 3",按 Ctrl+T 快捷键水平翻转,调整图层位置,效果如图 8-48 所示。

(8) 为"图层 3"和"图层 3 拷贝"添加图层蒙版,用画笔工具,前景色设置为黑色,擦除图片底部,使其与背景相融合,效果如图 8-49 和图 8-50 所示。

图 8-42　新建文件

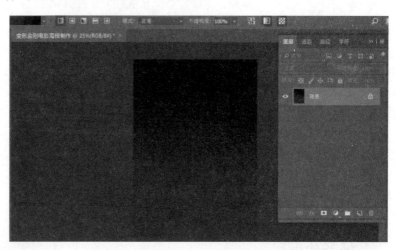

图 8-43　背景渐变

图 8-44　图片位置

图 8-45　添加"色相/饱和度"

图 8-46　调整照片色彩

图 8-47　添加蒙版 1

图 8-48 城市效果

图 8-49 添加蒙版 2

图 8-50 城市最终效果

（9）为图像添加"色相/饱和度"，数值为（色相：－180，饱和度：－83，明度：0），创建剪贴蒙版（按 Ctrl＋Alt＋G 快捷键），效果如图 8-51 和图 8-52 所示。

图 8-51 色相/饱和度

图 8-52 最终效果

（10）新建图层，使用椭圆选框工具，羽化为 40 像素，绘制椭圆，更改前景色（R：234，G：77，B：0）并填充色彩（按 Alt＋Delete 快捷键），效果如图 8-53 和图 8-54 所示。

（11）将当前的椭圆"图层"的图层混合模式改为"颜色加深"，如图 8-55 所示按 Ctrl＋T 快捷键水平翻转，右击选择弹出菜单中的"变形"，变换椭圆的形状。

（12）为椭圆添加蒙版，更改前景色为黑色，使用画笔（不透明度：45％，流量：46％）羽化边缘，效果如图 8-56 所示。

图 8-53 绘制选区

图 8-54 填充前景色

图 8-55　颜色加深

图 8-56　添加蒙版

（13）导入"变形金刚.jpg"素材，双击解锁背景，使用魔棒工具进行抠图，并将素材变化大小放到合适位置，效果如图 8-57 和图 8-58 所示。

图 8-57　抠取图片

图 8-58　图片摆放效果

（14）复制变形金刚的图层，按住 Ctrl 键单击图层缩略图，填充黑色（不透明度：50％，填充：80％），按 Ctrl＋T 快捷键，右击选择弹出菜单中的"扭曲"，调整影子的图层位置下移一层，效果如图 8-59 所示。

（15）导入"光源 1.png"素材，按 Ctrl＋T 快捷键旋转并调整位置，更改图层混合模式为"滤色"，将"光源 1.png"拖曳到创建新图层按钮上，复制一层并调整位置，效果如图 8-60 所示。

图 8-59　影子效果

图 8-60　光源 1 效果

（16）导入"背景光.jpg"素材，变换图层位置，调整"图层混合模式"为"线性减淡（添加）"，调整图层位置并添加图层蒙版，选择"由黑到白"的线性渐变，拖曳进行底部遮挡，效果如图 8-61 和图 8-62 所示。

图 8-61　图层位置

图 8-62　背景光效果

（17）导入"光源 2.png"素材，更改"图层混合模式"为"变亮"，变换位置和大小，效果如图 8-63 和图 8-64 所示。

图 8-63　更改图层混合模式

图 8-64　调亮效果

（18）导入"光源 3.png"素材，更改"图层混合模式"为"滤色"，添加"色相/饱和度"，数值（色相：－180，饱和度：0，明度：0），按 Ctrl＋Alt＋G 快捷键创建剪贴蒙版，效果如图 8-65 和图 8-66 所示。

图 8-65　剪贴蒙版

图 8-66　色彩效果

（19）输入文字"变形金刚"，字体设置为微软雅黑，按住 Ctrl 键，选中"变形金刚"文字和"背景"，居中对齐，添加"斜面和浮雕"，效果如图 8-67 和图 8-68 所示。

（20）添加"渐变叠加"，渐变样式追加"金属"效果，效果如图 8-69 和图 8-70 所示。

演示步骤视频及设计素材

（21）添加"内发光"和"投影"，数值如图 8-71 和图 8-72 所示。

（22）输入文字"全球即将上映"，效果如图 8-41 所示，保存文件。

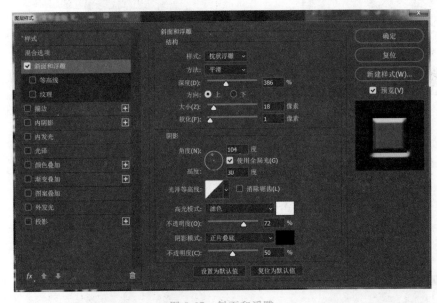

图 8-67　斜面和浮雕

图 8-68　文字效果

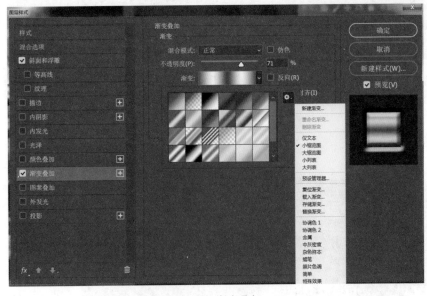

图 8-69　渐变叠加

图 8-70　渐变效果

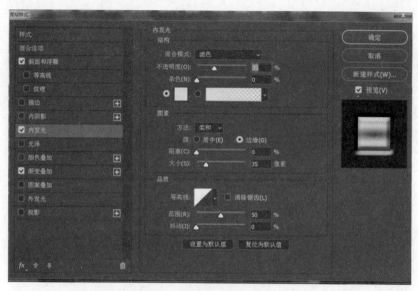

图 8-71　内发光

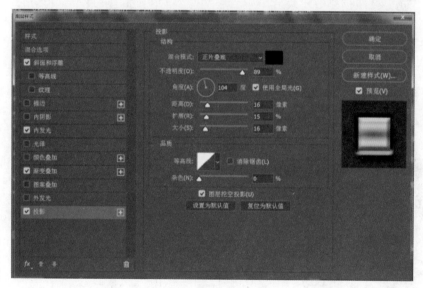

图 8-72　投影

综合实训 3：淘宝店铺 Banner 设计

📖 任务要求

本案例主要运用一些素材图片，创意并制作淘宝店铺 Banner，效果如图 8-73 所示。

✒️ 任务分析

■　利用图案填充工具添加底纹。

图 8-73　效果图

- 利用形状工具绘制矩形边框。
- 通过复制变换制作相同距离和大小的图形。
- 通过图层混合模式和图层样式制作图片特效。
- 利用选区工具进行抠图。
- 利用剪贴蒙版创建剪切效果。

制作流程

（1）新建文件，文件名称为"淘宝店铺 Banner 设计"，"宽度"为 28 厘米，"高度"为 13 厘米，"分辨率"为 72 像素/英寸，"颜色模式"为 RGB 颜色，"背景内容"为白色，参数设置如图 8-74 所示。

（2）为背景添加"图案"（灰色花岗岩花纹纸），效果如图 8-75 和图 8-76 所示。

图 8-74　新建文件　　图 8-75　添加"图案"　　　　图 8-76　图案效果

（3）使用矩形形状工具，关闭填充，调整描边大小（21.74 像素），绘制矩形外边框（R：69，G：84，B：136），效果如图 8-77 所示。

（4）按 Ctrl＋G 快捷键新建分组，命名为"边框"，利用"矩形工具"，关闭描边，绘制矩形（R：60，G：183，B：0），按 Ctrl＋T 快捷键，右击，从弹出菜单中选择"透视"，调整矩形形状，效果如图 8-78 所示。

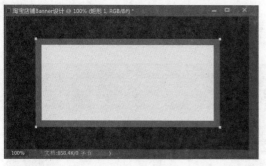

图 8-77　绘制矩形边框

图 8-78　绘制矩形

（5）按 Ctrl＋Alt＋T 快捷键复制变换，移动调整距离，按 Enter 确定。反复按 Ctrl＋Alt＋Shift＋T 快捷键进行复制，效果如图 8-79 所示。

（6）按 Ctrl＋E 快捷键合并图层，按住 Alt 键复制一层，按 Ctrl＋T 快捷键，在弹出的自由变换控制框中选择垂直翻转并调整位置，效果如图 8-80 所示。

图 8-79　边框绘制 1

图 8-80　边框绘制 2

（7）使用矩形形状工具，关闭描边，绘制左侧矩形外边框（R：69，G：84，B：136），按 Ctrl＋T 快捷键结合右键快捷菜单中的"透视"选项，调整矩形形状，按 Ctrl＋Alt＋T 快捷键进行复制变换，移动调整距离，按 Enter 键确定。反复按 Ctrl＋Alt＋Shift＋T 快捷键进行复制，效果如图 8-81 所示。

（8）按 Ctrl＋E 快捷键合并图层，按住 Alt 键复制一层，按 Ctrl＋T 快捷键结合右键，选择水平翻转并调整位置，效果如图 8-82 所示。

图 8-81　边框绘制 3

图 8-82　边框绘制 4

（9）导入"葡萄一.jpg"素材，使用魔棒工具抠图，双击解锁背景并删除，将抠取完成的图像放到画面中,按 Ctrl+T 快捷键,在弹出的自由变换控制框中进行旋转,变换方向及位置,选中"图层 1"和"背景"层,居中对齐 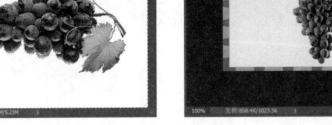,效果如图 8-83 和图 8-84 所示。

图 8-83　抠取葡萄　　　　　　　　　　　图 8-84　葡萄摆放效果

(10) 为"图层 1"添加"投影"和"内发光",效果如图 8-85~图 8-87 所示。

(11) 导入"水珠 2.png"素材,放置到图层"葡萄"上方,并创建剪贴蒙版(按 Ctrl+Alt+G 快捷键),效果如图 8-88 所示。

(12) 输入文字"葡萄熟了",设置数值(R:69,G:84,B:136),将文字拖曳到"创建新图层"按钮上复制一层,右击"葡萄熟了拷贝",在弹出的菜单中选择"栅格化文字",按住 Ctrl 键单击图层缩略图 葡萄 熟了拷贝 3,填充颜色(R:0,G:24,B:108),移动位置制作投影,效果如图 8-89 和图 8-90 所示。

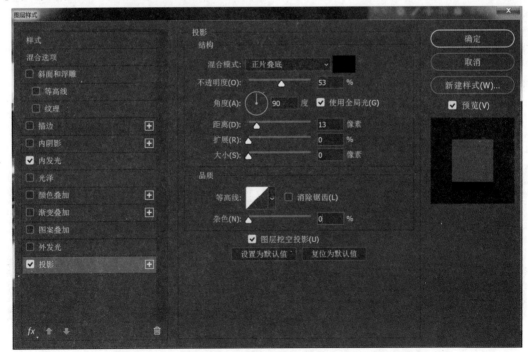

图 8-85　添加投影 1

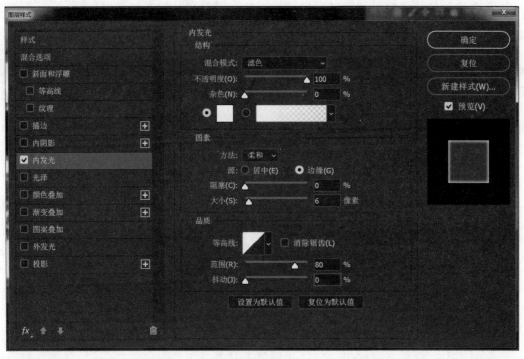

图 8-86 添加内发光

图 8-87 投影和内发光效果

图 8-88 水珠效果

图 8-89 输入文字 1

图 8-90 投影效果

　　(13) 导入"水珠 1.jpg"和"底纹.jpg"素材,放置在文字上方,并创建剪贴蒙版(按 Ctrl＋Alt＋G 快捷键),调整图层位置,效果如图 8-91 所示。

　　(14) 复制文字图层,选择右键快捷菜单中的"栅格化文字",按住 Ctrl 键单击图层缩略图,生成选区并删除,为文字添加"编辑-描边"(大小:2 像素,白边,居外),效果如图 8-92 所示。

图 8-91　文字效果 1　　　　　　　　　　　　　　图 8-92　描边效果

　　(15) 为刚复制的文字图层"葡萄熟了拷贝 2"图层添加蒙版,选择画笔工具,前景色设置为黑色(不透明度:40%、流量:40%),擦除文字边缘,效果如图 8-93 所示。

　　(16) 输入直排文字"营养丰富 鲜嫩多汁"字体设置为:按 Ctrl＋T 快捷键,在弹出的自由变换控制框中,调整文字倾斜 20°,使用钢笔工具设置工具模式为"形状",绘制类似"逗号"的图形,复制一层并调整位置,效果如图 8-94 所示。

图 8-93　蒙版效果　　　　　　　　　　　　　　图 8-94　输入文字 2

　　(17) 将"葡萄"图层复制一层,按 Ctrl＋T 快捷键调整大小及位置,效果如图 8-95 所示。

　　(18) 导入"葡萄三.jpg"素材,更改图层混合模式为"变暗",按 Ctrl＋T 快捷键进行旋转,调整到合适位置,效果如图 8-96 所示。

图 8-95　放置图片 1　　　　　　　　　　　　　　图 8-96　放置图片 2

（19）导入"葡萄二.jpg"素材,单击图层面板下方的图层样式按钮 fx ,添加"投影"（R：46,G:56,B:92）,效果如图 8-97 和图 8-98 所示。

图 8-97　放置图片 3

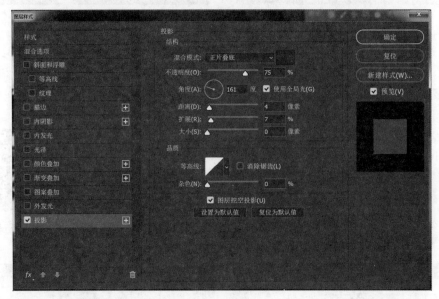

图 8-98　添加投影 2

（20）使用形状工具"横幅 3"绘制图形,设置颜色为（R:226,G:0,B:0）,输入文字"新鲜水果　空运速达",并添加"投影",效果如图 8-99 所示。

（21）输入文字"绿/色/天/然 健/康/新/鲜""满 30 元减 10 元""满 100 元减 35 元"等,调整文字色彩（R:255G:150B:1,R:69G:84B:136）及大小,效果如图 8-100 所示。

图 8-99　图片效果

图 8-100　输入文字 3

（22）输入"新店开业全场(R:110,G:128,B:191)"并调整文字间距（按 Alt＋◀▶快捷键）和大小，输入"半价"(R:255,G:158,B:39)，单击图层样式 *fx*，为"半价"添加描边（大小:2），效果如图 8-101 所示。

（23）打开"藤蔓.jpg"素材，双击解锁背景，使用魔棒工具抠图，删除背景，并放置到相应位置，效果如图 8-102 所示。

图 8-101　文字效果 2　　　　　　　　　　　　图 8-102　导入藤蔓

（24）使用"椭圆工具"绘制圆形，按住 Shift 键画正圆，设置色彩为(R:48,G:68,B:107)，按 Ctrl＋Alt＋T 快捷键复制变换，移动调整距离，按 Enter 键确定，反复按 Ctrl＋Alt＋Shift＋T 快捷键复制三次，输入直排文字"新鲜水果"，调整文字间距（按 Alt＋▲▼快捷键）及位置，效果如图 8-103 所示。

（25）使用"矩形工具"绘制矩形(R:69,G:84,B:136)，按 Ctrl＋Alt＋T 快捷键复制变换，移动调整距离，按 Enter 键确定，反复按 Ctrl＋Alt＋Shift＋T 快捷键复制三次，再使用直线工具绘制直线，效果如图 8-104 所示。

（26）输入直排文字"源头直供 品质放心"，调整文字间距（按 Alt＋▲▼快捷键）、大小及位置，效果如图 8-73 所示。

演示步骤视频及设计素材

图 8-103　文字效果 3　　　　　　　　　　　　图 8-104　文字效果 4

思考与实训

上机实训 1：制作保护动物海报效果

使用 Photoshop 制作一张保护动物主题海报，如图 8-105 所示。

提示：

（1）通过钢笔工具，绘制路径。

图 8-105　保护动物海报效果

（2）利用复制变换命令，添加海报边框。

（3）利用画笔工具，绘制背景图案。

（4）输入文字，完成海报制作。

上机实训 2：利用滤镜绘制彩铅装饰画效果

利用滤镜，将图 8-106 完成如图 8-107 所示的彩铅装饰画效果。

提示：

（1）复制一层，按 Ctrl＋Shift＋U 快捷键去色。

（2）按 Ctrl＋J 快捷键复制一层，按 Ctrl＋I 快捷键执行反向，图层混合模式选择"颜色减淡"。

（3）单击"滤镜"菜单下的"其他"，选择"最小值"，把最小值里面的像素设置成"2 像素"。

（4）按 Ctrl＋E 快捷键合并图层，设置图层混合模式"强光"得到效果。

（5）导入"扇面"，利用"粘贴"和"贴入"命令，完成最终效果。

图 8-106　原图

图 8-107　彩铅装饰画效果

参 考 文 献

［1］周兰娟. Photoshop CS6 平面设计案例教程［M］. 北京:清华大学出版社,2018.

［2］李涛. Photoshop CC 2015 中文版案例教程(第 2 版)［M］. 北京:高等教育出版社,2018.

［3］顾领中. PS 高手炼成记:Photoshop CC 2017 从入门到精通［M］. 北京:人民邮电出版社,2017.

［4］方国平. Photoshop CC 从入门到精通［M］. 北京:电子工业出版社,2020.